智能制造工业软件应用系列教材

数字化工厂仿真

（上　册）

胡耀华　梁乃明　总主编
孙泽文　徐　慧　编　著

机械工业出版社

本书以 Plant Simulation 为实现工具，讲述数字化工厂仿真的建模仿真方法。Plant Simulation 是西门子公司的 Tecnomatix 系列软件中面向对象的生产系统建模仿真软件。本书共 6 章，讲解 Plant Simulation 软件的功能及在智能制造生产系统中的运用，内容包括 Plant Simulation 软件介绍、Plant Simulation 界面功能介绍、工具对象的功能与用法、SimTalk 编程语言的功能与用法、图形的功能与用法、生产过程建模仿真。通过对本书的学习，应对生产过程的建模和仿真有一定的理解，能使用 Plant Simulation 实现物料流、资源、信息流、移动单元的建模，并根据实际生产流程建立模块间的连接，应用 SimTalk 编程语言编写控制程序等，初步掌握数字化工厂仿真的方法，培养智能制造生产系统数字化管理的能力。

本书内容全面，基本覆盖了数字化工厂仿真的基本操作、前沿功能与实际操作中易被忽略的知识点，不但可以作为高等院校智能制造工程、自动化、机械工程及其自动化、电气工程等相关专业的教学用书，也可作为技术开发人员及工程技术人员的培训和自学用书。

图书在版编目（CIP）数据

数字化工厂仿真. 上册/胡耀华，梁乃明总主编；孙泽文，徐慧编著. —北京：机械工业出版社，2021.11（2023.6 重印）
智能制造工业软件应用系列教材
ISBN 978-7-111-69701-5

Ⅰ. ①数… Ⅱ. ①胡… ②梁… ③孙… ④徐… Ⅲ. ①智能制造系统-系统仿真 Ⅳ. ①TH166

中国版本图书馆 CIP 数据核字（2021）第 245893 号

机械工业出版社（北京市百万庄大街 22 号　邮政编码 100037）
策划编辑：徐鲁融　　　　　责任编辑：徐鲁融
责任校对：张亚楠　王明欣　封面设计：王　旭
责任印制：邓　博
北京盛通商印快线网络科技有限公司印刷
2023 年 6 月第 1 版第 2 次印刷
184mm×260mm・12 印张・295 千字
标准书号：ISBN 978-7-111-69701-5
定价：45.00 元

电话服务	网络服务
客服电话：010-88361066	机 工 官 网：www.cmpbook.com
010-88379833	机 工 官 博：weibo.com/cmp1952
010-68326294	金 书 网：www.golden-book.com
封底无防伪标均为盗版	机工教育服务网：www.cmpedu.com

前 言

随着"中国制造2025"和"两化融合政策"的提出,如何实现信息化和工业化的结合、提升制造技术水平,是中国制造业面临的一大挑战。数字化工厂仿真是由制造技术、计算机技术、网络技术与管理科学交叉、融合、发展与应用而演变出的一种先进制造技术,也是制造企业、制造系统与生产过程、生产系统不断实现智能化升级的必然选择。通过数字化工厂仿真,制造工程师可以在一个虚拟的环境中创建某个制造流程的完整定义,包括加工和装配工位设置、工厂设施布局、物料流和信息流分配等,通过应用知识库和流程优化算法,可以对产品的生产流程进行仿真优化、最佳工厂布局设计等。国内外的汽车、航空航天等高端制造业越来越多地采用数字化工厂仿真技术来重新制定企业未来发展战略。因此,数字化工厂仿真作为数字化制造核心技术之一,越来越受到高校、研究机构和企业的重视。

本书介绍的 Plant Simulation 软件是数字化工厂仿真软件中的一种,属于西门子公司的 Tecnomatix 软件系列。Plant Simulation 是典型的面向对象的仿真软件,强调运用人类日常的逻辑思维方法和原则,包括抽象、分类、继承、封装等。Plant Simulation 可以对各种规模的工厂和生产线进行建模、仿真和优化,分析和优化生产布局、资源利用率、产能和效率、物流和供需链,以便于承接不同大小的订单与混合产品的生产。它使用面向对象的技术和可以自定义的目标库来创建具有良好结构的层次化仿真模型,这种模型包括供应链、生产资源、控制策略、生产过程、商务过程。用户通过扩展的分析工具、统计数据和图表来评估不同的解决方案,并在生产计划的早期阶段做出迅速而可靠的决策。

本书主要讲解 Plant Simulation 的基本功能与操作。第 1 章对 Plant Simulation 软件的基础知识进行了简单介绍,包括物流与物料仿真的基本概念和特点、工厂仿真的需求、Plant Simulation 软件的基本功能和特点描述。第 2 章主要介绍 Plant Simulation 软件的操作界面功能,并分成初始界面和建模界面展开阐述,便于读者对 Plant Simulation 尽快入门,为后续 Plant Simulation 的使用奠定基础。第 3~5 章对 Plant Simulation 软件的具体功能做了详细的介绍,包括工具对象、SimTalk 编程语言、图形的功能与用法。第 6 章以汽车生产、加工轴和轴承两个综合实例讲解了分模块实现完整生产过程建模仿真的步骤和方法。与本书配合使用的《数字化工厂仿真(下册)》和本书同步出版。

本书是智能制造工业软件应用系列教材中的一本,本系列教材在东莞理工学院马宏伟校长和西门子中国区总裁赫尔曼的关怀下，结合西门子公司多年在产品数字化开发过程中的经验和技术积累编写而成。本系列教材由东莞理工学院胡耀华和西门子公司的梁乃明任总主编，本书由东莞理工学院孙泽文和西门子公司的徐慧共同编著。虽然编著者在本书的编写过程中力求描述准确，但由于水平有限，书中难免有不妥之处，恳请广大读者批评指正。

编著者

目 录

前言
第 1 章 Plant Simulation 软件介绍 …… 001
1.1 物流与物料流仿真 ………… 001
1.2 工厂仿真 ………………… 002
1.3 基本功能 ………………… 002
1.4 特点描述 ………………… 005
第 2 章 Plant Simulation 界面功能介绍 ………………………… 008
2.1 初始界面 ………………… 008
2.2 建模界面 ………………… 013
第 3 章 工具对象的功能与用法 …… 023
3.1 物料流 …………………… 023
3.2 流体 ……………………… 059
3.3 资源 ……………………… 071
3.4 信息流 …………………… 076
3.5 用户界面 ………………… 081
3.6 移动单元 ………………… 083
3.7 工具 ……………………… 087
第 4 章 SimTalk 编程语言的功能与用法 ………………………… 090
4.1 SimTalk 概述 ……………… 090
4.2 SimTalk 基本语法 ………… 091
4.3 方法对象调试器 …………… 095
4.4 名称定义和路径定义 ……… 096
4.5 方法对象触发的时间调度 … 097
4.6 简化标识符 ………………… 097
4.7 入口和出口控制 …………… 099
4.8 属性 ………………………… 105
4.9 条件陈述句 ………………… 107
4.10 表文件的访问 ……………… 108
4.11 循环语句 …………………… 110
4.12 一些常用语法 ……………… 111
4.13 触发方法对象 ……………… 112
4.14 小车的方法对象 …………… 114
4.15 定义复选框和按钮 ………… 117
第 5 章 图形的功能与用法 ………… 118
5.1 导入导出图形 ……………… 118
5.2 改变对象的图形 …………… 122
5.3 保存和加载对象 …………… 124
5.4 编辑图标 …………………… 126
5.5 编辑 3D 属性 ……………… 131
第 6 章 生产过程建模仿真 ………… 140
6.1 汽车生产建模仿真 ………… 140
6.2 加工轴和轴承建模仿真 …… 172
参考文献 …………………………… 186

第 1 章

Plant Simulation软件介绍

1.1 物流与物料流仿真

如果制造工序的生产效率不能提高,那么生产和销售更多的产品并不会带来更多利润。在产品生产中,如果出现制造工序效率低下和产能利用率不足的现象,企业很快会从盈利走向亏损。影响运营效率和制造工序生产量的因素多种多样,而且要想控制这些因素并不容易,具体需要做到如下几点。

1)确定新生产系统的最佳配置。
2)确定合理的半成品库存量。
3)制订合理的生产计划。
4)确定正确的生产量与资源利用率比例。

利用 Tecnomatix 物流与物料流仿真解决方案,就可以借助离散事件仿真与统计分析功能来优化物料处理、物流、设备利用率以及人力需求等,进而提高系统性能,物流与物料流仿真界面如图 1-1 所示。具有面向对象的三维建模功能的随机工具可提高制造精度和

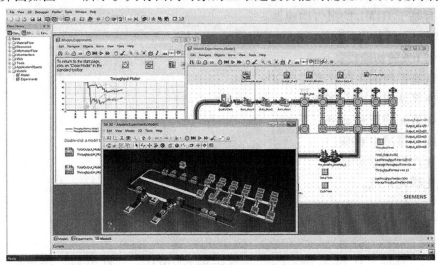

图 1-1 物流与物料流仿真界面

效率，同时增加生产量并改善整体系统性能。

1.2 工厂仿真

1. 产品概述

如今全球化程度不断加深，生产面临的成本和时间压力与日俱增，物流效率已成为决定企业成败的一个关键因素。缺乏效率的调度和资源配置，仅针对局部而非全局的优化，以及低下的生产效率每天都会令资金白白流失。在这种情况下，亟须采用即时（JIT）、由生产顺序决定需要量（JIS）的交付方法，引入完善的生产体系，规划并构建全新的生产线，以及管理全球生产状况的网络平台，这就要求设立客观的决策标准，以帮助管理层评估和比较各种替代方法。

Tecnomatix Plant Simulation 是一个离散事件仿真工具，能帮助创建物流系统（如生产系统）的数字化模型，以了解系统的特征并优化其性能。在不中断现有生产系统的前提下或在实际生产系统安装前（在规划流程中），可以使用这些数字化模型运行试验和假设方案。运用所提供的丰富的分析工具（如瓶颈分析、统计数据和图表），可以评估不同的制造方案。评估结果可提供所需的信息，以便在生产规划的早期阶段做出快速而可靠的决策。

通过使用 Plant Simulation，可以对生产系统及其流程进行建模和仿真，还可以从工厂规划的各个层面（从全球生产设施到当地工厂再到特定生产线）对物料流、资源利用率进行优化。

2. 主要功能和益处

（1）功能　Plant Simulation 可实现如下主要功能。

1）采用层次化结构和继承对象型模型。
2）采用开放式体系架构，支持多种接口。
3）管理库和对象。
4）进行遗传算法优化。
5）模拟和分析能耗。
6）自动分析仿真结果。
7）具有基于 HTML 的报告构建器。

（2）益处　利用 Plant Simulation 可收获如下益处。

1）节省 6% 的初期投资。
2）将现有系统的生产效率提高 20%。
3）将新系统成本减少 20%。
4）优化资源使用和重用。
5）将库存量减少 60%。
6）将生产周期缩短 60%。
7）优化减耗系统。

1.3 基本功能

Tecnomatix 软件工具 Plant Simulation，又称为 SIMPLE++，是用 C++ 实现的关于生产、

物流和工程的仿真软件，是面向对象的、图形化的、集成的建模和仿真工具，系统结构和实施都满足面向对象的要求。从学术上归类，Plant Simulation 是一款典型的离散事件仿真软件工具。工厂仿真界面如图 1-2 所示。

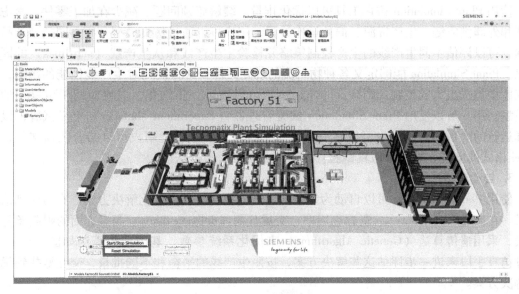

图 1-2　工厂仿真界面

Plant Simulation 可以对各种规模的工厂和生产线进行建模和仿真，进而分析和优化生产布局、资源利用率、产能和效率、物流和供需链，以便于承接不同大小的订单与混合产品的生产。它使用面向对象的技术和可以自定义的目标库来创建具有良好结构的层次化仿真模型，这种模型包括供应链、生产资源、控制策略、生产过程、商务过程。用户通过扩展的分析工具、统计数据和图表来评估不同的解决方案，并在生产计划的早期阶段做出迅速而可靠的决策。

1. 用标准的和专用的元素库建立仿真模型

用 Plant Simulation 可以为生产设备、生产线、生产过程建立结构层次清晰的模型，Plant Simulation 横版实例如图 1-3 所示。这种模型的建立使用了应用目标库（Application Object Libraries）组件，而应用目标库专用于各种专业过程，如总装、白车身制造、喷漆等。用户可以从预定义好的资源、订单目录、操作计划、控制规则中进行选择。通过向库中加入

图 1-3　Plant Simulation 横版实例

自己的对象（object）来扩展系统库，用户可以获取被实践证实的工程经验并用于进一步的仿真研究。

2. 仿真系统优化

使用 Plant Simulation 仿真工具可以优化排量、缓解瓶颈问题、减少在加工零件，考虑到内部和外部供应链、生产资源、商业运作过程，用户可以通过仿真模型分析不同类型产品的影响，可以评估不同生产线的生产控制策略并检验主生产线和从生产线（sub-lines）的同步情况。Plant Simulation 能够定义各种物料流的规则并检查这些规则对生产线性能的影响，从系统库中挑选出来的控制规则（control rules）可以被进一步细化，以便应用于更复杂的控制模型。用户可以使用 Plant Simulation 试验管理器（Experiment Manager）定义试验，设置仿真运行的次数和时间，也可以在一次仿真中执行多次试验。用户可以结合数据文件，如 Excel 格式的文件，来配置仿真试验。

3. 自动分析

使用 Plant Simulation 可以自动为复杂的生产线找到并评估优化解决方案。在考虑到诸如产量、在制品（inventory）、资源利用率、交货日期（delivery dates）等多方面的限制条件的时候，采用遗传算法（Genetic Algorithms）来优化系统参数，基因遗传算法如图 1-4 所示。通过仿真手段来进一步评估这些解决方案，按照生产线的平衡和不同批量，交互地找到优化的解决方案。

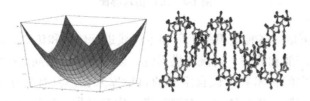

图 1-4　基因遗传算法

4. 分析仿真结果

使用 Plant Simulation 分析工具可以轻松地解释仿真结果。统计数据的图表可以显示缓存区、设备、劳动力（personnel）的利用率。用户可以创建广泛的统计数据图表来支持对生产线工作负荷、设备故障、空闲与维修时间、专用的关键性能等参数的动态分析。由 Plant Simulation 可以生成生产计划的甘特图（Gantt）并能被交互地修改，甘特图如图 1-5 所示。

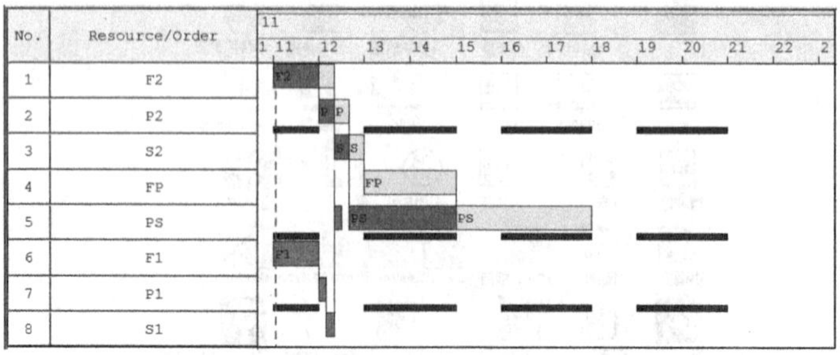

图 1-5　甘特图

随着数据库应用的增加，Plant Simulation 还提供了与 SQL、ODBC、RPC、DDE 的接口，能够读入 CAD（AutoCAD）的图形进行仿真。

Plant Simulation 具有图形化和交互化建模能力，同时它还能通过内置的编程语言 SimTalk 进行过程的定义、参数的输入和控制策略的调整，也能够建立完整的仿真模型。

SimTalk 是一种解释型的仿真逻辑控制语言，语法规则类似 Basic，比较易学易用。同时 Plant Simulation 还提供专门的调试窗口，用户可以快速地进行语法调试，SimTalk 调试界面如图 1-6 所示。

图 1-6 SimTalk 调试界面

1.4 特点描述

1. 可对高度复杂的生产系统和控制策略进行仿真分析

Plant Simulation 是一种面向对象的仿真软件。对于高度复杂的生产制造系统或物流系统，Plant Simulation 通过面向对象的方法将生产系统抽象模型化。通过系统的基本对象或应用模板中的扩展对象对生产系统进行抽象建模。

Plant Simulation 的另外一个主要特点是支持层次性和继承性的建模。通过继承性的建模思路，生产系统中很多类似的子系统可以快速地被引用和重用，从而极大提高建模的效率。层次性的建模思路可以使得复杂和庞大的模型（如物流中心、装配工厂、机场等）变得井井有条。

2. 专用的应用目标库为典型方案进行迅速而高效的建模

Plant Simulation 可为不同的制造业行业领域定制高效率的应用模板，提供该行业应用建模的常用仿真对象。用户可以输入简单的交互基本信息后进行仿真分析，从而极大地提高应用效率。目前 Plant Simulation 的应用对象模板库涉及：面向汽车行业的 Assembly/Carbody/Painting 模板、面向物流行业的 Conveyor/AGV/EOM/HBW 模板等。

3. 使用图形和图表分析产量和资源

Plant Simulation 包含许多专门对生产和物流系统仿真模型的性能和仿真结果进行评价的内嵌工具。使用专门的图形分析工具，用户可以快速地进行仿真模型的数值跟踪和显示，Plant Simulation 分析结果显示如图 1-7 所示。

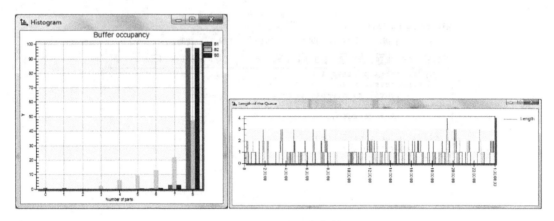

图 1-7 Plant Simulation 分析结果显示

4. 综合分析工具

在图表显示的同时，Plant Simulation 提供了很多很专业的分析工具，包括自动的瓶颈分析、流量分析图（Sankey）、甘特图，如图 1-8 所示。

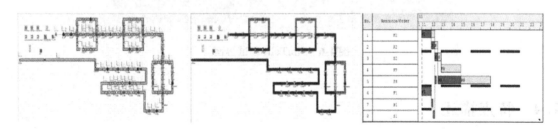

图 1-8 瓶颈分析、流量分析图和甘特图

5. 三维可视化与动画

Plant Simulation 在提供 2D 图标仿真方式的同时也提供 3D 可视化方式展示仿真模型的内容，用户可以通过内部的实时关联机制，以 2D 仿真模型直接生成对应的 3D 仿真模型，3D 可视化示意图如图 1-9 所示。也可以通过标准的数据接口，加载 CAD 的 3D 数据（如 .JT、.WRL、.DXF 等）。系统还支持同步的 2D/3D 仿真显示和分析。

6. 使用基因遗传算法（Genetic Algorithms）**对系统参数进行自动优化**

Plant Simulation 在支持系统仿真的同时，还能够通过内嵌的优化算法——基因遗传算法对系统的关键参数进行优化运算。优化算法可以帮助用户寻找典型的非解析求解问题的最优化值。

图 1-9　3D 可视化示意图

7. 支持多界面和集成的开放系统结构

Plant Simulation 提供与外部数据平台交互的一系列数据接口（如 ODBC、SQL、Oracle、ERP 等），通过这些专门的接口和集成能力，用户可以建立 Plant Simulation 与外部数据库系统之间的信息通道，从而实现仿真模型与数据库系统的信息集成。Plant Simulation 企业信息系统集成效果示意图如图 1-10 所示。

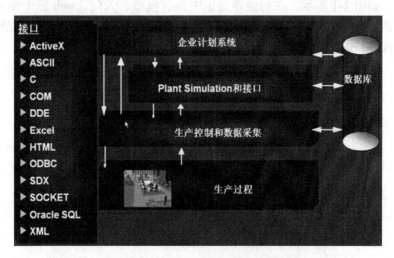

图 1-10　Plant Simulation 企业信息系统集成效果示意图

第 2 章

Plant Simulation界面功能介绍

2.1 初始界面

本书基于 Plant Simulation14.0 版本进行编写，该版本为简体中文版，有助于学生方便快速地熟悉该软件并掌握该软件的使用技巧。双击 Plant Simulation 软件的快捷图标，进入到软件的初始界面，如图 2-1 所示。在初始界面正中央有模型、入门、web 三个模块。模型模块用于进入建模界面进行建模；入门模块中含有一些模型的示例和制作视频，能够帮助初学者更快地掌握该软件；web 模块为该软件的网站主页和交流论坛。

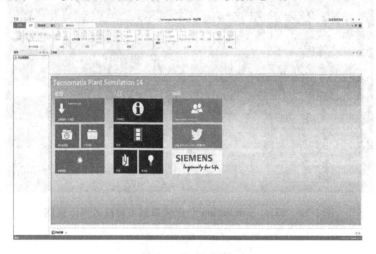

图 2-1 初始界面

2.1.1 模型

模型模块用于加载和新建模型，打开最近的模型，里面显示着之前所做的模型，如图 2-2 所示，单击其中一个，即可打开该模型。

单击打开模型，找到之前所做模型的路径，然后单击选中它，再单击"打开"按钮，即可将模型加载进来，如图 2-3 所示。

第2章　Plant Simulation界面功能介绍

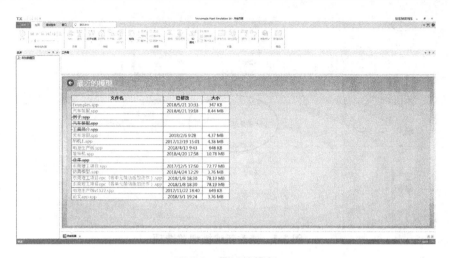

图 2-2　最近的模型

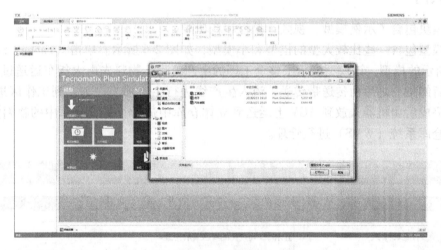

图 2-3　加载模型

单击"新建模型"按钮，系统会弹出一个对话框，选择新建 2D 或 3D 模型，如图 2-4 所示。若不想每次新建模型时都询问，则单击文件栏下的"首选项"按钮打开其对话框，在"可视化"区域进行设置即可，如图 2-5 所示，建议选择"2D 和 3D"单选项。

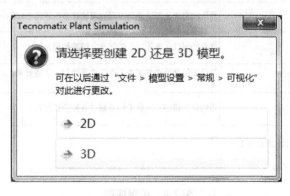

图 2-4　选择新建 2D 或 3D 模型

图 2-5　修改新建模型首选项

2.1.2　入门

入门模块包含了示例模型、视频、教程和新功能。

示例模型包含一些比较大型的模型和小模型，如图 2-6 所示。单击"Factory 51"，可得到图 2-7 所示的模型，该模型展示了整个工厂的生产流程，物料先由大货车运送过来，然后由叉车进行卸货，之后由传送带传送，流入生产线进行生产加工，工人到工作区进行工作，产品加工完成后由机器人放到 AGV 上运送到立体仓库中进行存储，仓库中的物料加载与卸载由立体仓库系统（WMS）进行管理。

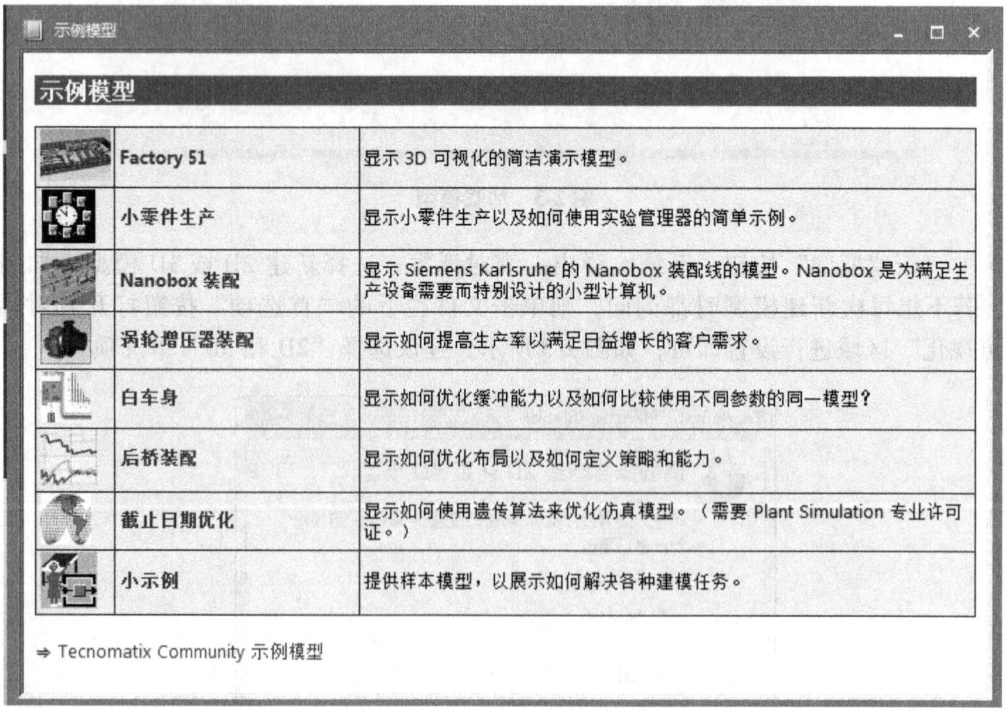

图 2-6　示例模型

第2章　Plant Simulation界面功能介绍

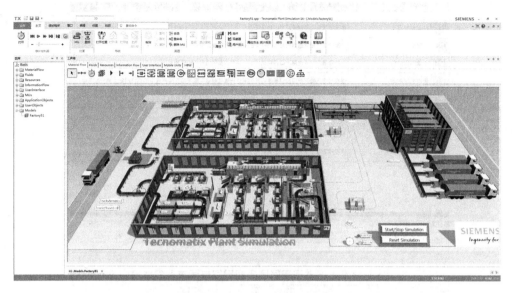

图 2-7　"Factory 51"模型

小示例包含很多小的模型例子，单击打开它，在弹出的对话框中选择合适的类型、主题和例子，然后单击"Open Model"按钮即可打开该示例模型。在建模的过程中遇到麻烦时，例如，不熟悉某个对象工具的使用方法，或者不清楚如何创建 AGV 的调度策略等，都可以在其中找到类似的模型，然后研究该模型的思路和方法，用以解决遇到的问题。图 2-8 所示为其中的一个示例模型。

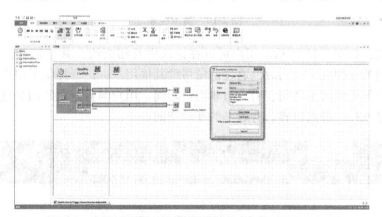

图 2-8　打开小示例模型

视频包含一些演示如何建模的视频，如图 2-9 所示，单击即可打开进行观看，以便更好地学习和了解模型的整个创建过程，演示视频如图 2-10 所示。

2.1.3　web

web 模块提供了三个网页链接，分别为仿真社区、软件新增功能和软件主页。西门子仿真论坛（Tecnomatix Community）提供了与国内、外用户一起交流的机会，论坛是一种很好

视频		
	创建简单模型	该视频演示如何创建简单的仿真模型。
	创建类	该视频演示如何创建自己的对象类以满足特定建模需求。
	创建出口控件	该视频演示如何使用出口控件来修改物料流对象的内置传输行为。
	使用出口策略	该视频演示如何使用出口策略,即如何让计算机根据实际策略在生产线中的后续对象之间分配零件。
	带工人建模	该视频演示如何带工人进行建模,即在连接某站的工作区中作业的工人。
	在工作区之间运送零件的工人	该视频演示如何对在各站之间运送零件的工人建模。
	使用实验管理器	该视频演示如何使用实验管理器,以经修正的随机数字执行几项实验。
	使用门式起重机	该视频演示如何使用门式起重机将零件从一站移至另一站。

图 2-9 视频

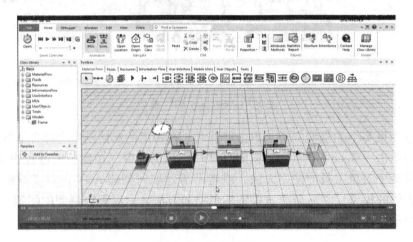

图 2-10 演示视频

的信息交流方式,如图 2-11 所示。用户可以在论坛中互相交流,共享信息,解决自己在学习、生活中遇到的各种问题,同时也通过论坛帮助其他用户,论坛提供了用户之间、用户与网站之间、用户与论坛版主之间、用户与非用户之间、用户与官方之间的交流平台。这些交流能够实现信息互补,形成包容、有效率的互动空间。

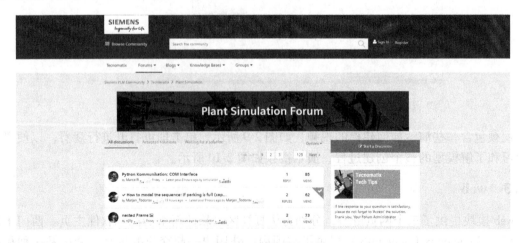

图 2-11 西门子仿真论坛

2.2 建模界面

单击"新建模型"按钮进入到建模界面,如图 2-12 所示,建模界面主要由菜单栏、工具箱、类库和主界面构成。由于 2D 与 3D 建模环境菜单栏的部分功能构成不同,这里将其分开来介绍,并且只讲建模过程中常用到的部分。

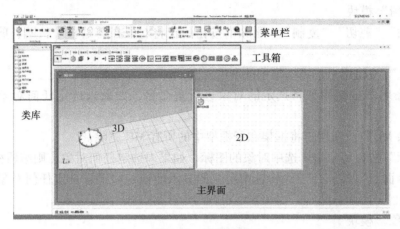

图 2-12 建模界面

2.2.1 菜单栏

1. "主页"选项卡

图 2-13 所示为 2D 和 3D 建模通用菜单的"主页"选项卡,"主页"选项卡由六个模块构成,每一个模块的作用在下面进行介绍。

图 2-13 "主页"选项卡

(1) "事件控制器"模块 事件控制器用于控制模型的重置、开始和暂停、快速仿真、单步仿真和实时仿真等操作。

(2) "动画"模块

1) "MU"按钮用于激活或停用 MU 动画。在模拟运行期间停用 MU 动画时,Plant Simulation 将不会显示任何 MU。

2) "图标"按钮用于激活或关闭对象图标的动画。当它激活并且对象处于活动状态时,对象会显示它们所处的状态,即 LED 图标中沿着图标顶部边框的一个或多个彩色点,这样可以检测哪个对象阻碍了材料的流动。

(3) "导航"模块

1) "打开位置"按钮用于打开此框架所在的框架,如果此框架是一个类,则在类库中显示它。

2)"打开源"按钮用于打开所选对象的派生源对象,如果未选定任何对象,则改为打开此框架的派生源框架,按住〈Shift〉键可显示源的位置。

3)"打开类"按钮用于打开所选对象的类,如果未选定任何对象,则打开框架的类,按住〈Shift〉键可显示类的位置。

4)"打开2D/3D"按钮用于在2D和3D建模环境之间进行切换。

(4)"编辑"模块

1)"粘贴""剪切""复制""删除"按钮用于将对象在剪贴板中粘贴、剪切、复制和删除。

2)"全选"按钮用于选择框架中的所有对象。

3)"重命名"按钮用于将选定的对象进行重命名,如果未选定任何对象,则重命名框架。

4)"删除MU"按钮用于将框架和子框架中的所有MU删除。

5)"图标"按钮用于编辑选中对象的图标,如果未选定任何对象,则编辑框架的图标。

6)"显示面板"按钮用于编辑选中对象的显示面板,如果未选定任何对象,则编辑框架的显示面板。

(5)"对象"模块

1)"3D属性"按钮用于打开已打开或选定对象的3D属性对话框,或者单击箭头以选择是否在3D中创建对象。

2)"控件"按钮用于打开选定对象的控件对话框,如果未选定任何对象,则打开此框架的控件对话框。

3)"观察器"按钮用于打开对话框以设置所选对象的属性观察器控件,如果未选定任何对象,则打开框架的该对话框。

4)"用户定义"按钮用于打开所选对象的自定义属性对话框,如果未选定任何对象,则打开框架的该对话框。

5)"属性方法"按钮用于打开所选对象的属性和方法对话框,如果未选定任何对象,则打开框架的属性和方法对话框。

6)"统计报告"按钮用于打开所选对象的统计数据对话框。

7)"结构"按钮用于显示所选对象包含的对象,如果未选定任何对象,则显示框架包含的对象。

8)"继承"按钮用于显示继承自所选对象的对象,如果未选定任何对象,则显示继承自框架的对象。

9)"关联帮助"按钮用于找到所选对象的帮助,可在索引中输入需要帮助的对象名称。例如在索引中输入"line",然后按〈Enter〉键,再双击下方的"line",右侧即显示该对象的帮助信息,如图2-14所示。蓝色字体为该内容的索引,单击它可以进入到该内容的帮助页面。

(6)"模型"模块 单击"管理类库"按钮可打开"管理类库"对话框,在其中可以添加或删除工具箱的对象工具。如图2-15所示,在"管理类库"对话框中勾选所需对象工具,然后单击"应用于新模型"按钮,再单击"确定"按钮,即可将对象添加到工具箱中使用。

第2章 Plant Simulation界面功能介绍

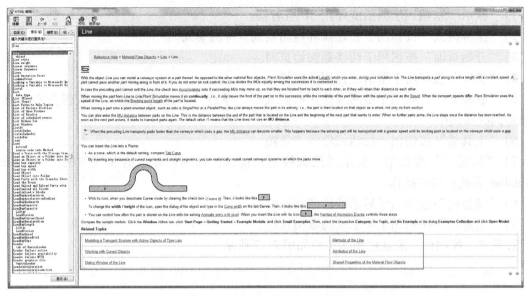

图 2-14 "HTML"帮助对话框

图 2-15 "管理类库"对话框

2. "窗口"选项卡

图 2-16 所示为 2D 和 3D 建模环境通用菜单中的"窗口"选项卡。其中有一些常用到的工具，下面将进行介绍。

图 2-16 "窗口"选项卡

1)"激活"按钮用于激活或停用3D查看器。
2)"全屏模式"按钮用于将建模环境切换到全屏的模式。
3)"开始页面"按钮用于切换到初始页面。
4)"类库"按钮用于激活或停用类库栏。
5)"收藏夹"按钮用于激活或停用收藏夹栏,单击"添加到收藏夹"按钮会将当前框架添加到收藏夹中。
6)"工具箱"按钮用于激活或停用工具箱。
7)"控制台"按钮用于显示或隐藏控制台窗口,控制台显示有关操作的信息,Plant Simulation 将执行这些操作。
8)"状态栏"按钮用于显示或隐藏状态栏。
9)"消息栏"按钮用于显示或隐藏消息栏。

收藏夹、控制台、消息栏和状态栏如图2-17所示。

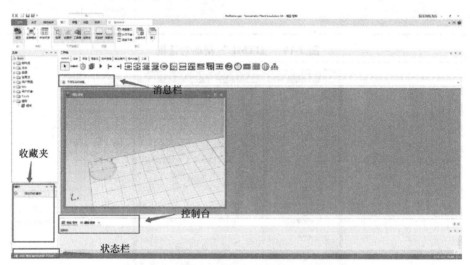

图 2-17　收藏夹、控制台、消息栏和状态栏

3. 3D 建模环境下的"编辑"选项卡

图 2-18 所示为 3D 建模环境下的"编辑"选项卡,"文件"和"创建对象"模块会在第 5 章中进行介绍。下面主要讲解"插入形状""杂项""选项"三个常用的模块。

图 2-18　3D 建模环境下的"编辑"选项卡

可以利用"插入形状"模块在框架中插入该模块内的图形,如立方体、楼梯和工厂墙壁等,如图 2-19 所示。

选中某个对象,然后单击"对齐至栅格"按钮,可以将选定的对象移至最近的投影网络线交点,前提是没有激活"捕捉至栅格"选项。激活"捕捉至栅格"选项,如图 2-20 所

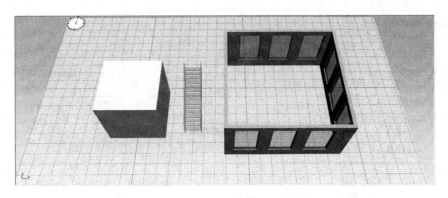

图 2-19 立方体、楼梯和工厂墙壁

示,则在拖入对象到框架中时会将其自动对齐至栅格。激活"捕捉至对象"选项,则在拖入对象到框架中的其他对象附近时,会将其自动与其他对象对齐。单击"锁定结构"按钮,将无法修改框架中的内容。

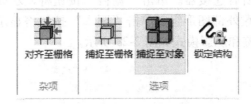

图 2-20 捕捉位置与锁定结构等

4. 3D 建模环境下的"视图"选项卡

图 2-21 所示为 3D 建模环境下的"视图"选项卡,下面将会对建模过程中常用到模块的功能进行介绍。

图 2-21 3D 建模环境下的"视图"选项卡

1)在"场景"模块中,"全部查看"按钮可将当前窗口切换成能查看框架中全部对象的窗口,"左视图"按钮可将当前窗口切换为左视图窗口,其余类似。

2)"栅格"模块主要用于更改栅格的属性。单击"变换"按钮,则可在弹出的"栅格位置和方向"对话框中对栅格的原点和方向进行更改,如图 2-22a 所示,"场景原点"为默认原点,选中对象,然后单击"对象原点"按钮则将以对象位置作为栅格的原点。单击"设置"按钮,则可在弹出的"栅格设置"对话框中可对栅格的基座板和轴的颜色进行更改,还可以对网格线进行编辑,如图 2-22b 所示。

3)在"选项"模块中,单击"规划视图"按钮将以规划视图模式显示 3D 窗口,类似

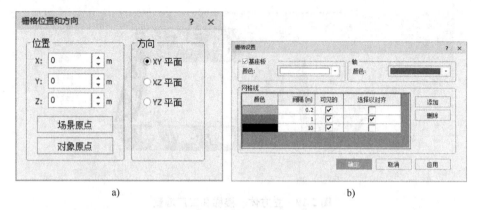

图 2-22　栅格的变换与设置

于俯视图的效果，便于建模。单击"名称"按钮将显示或隐藏框架中所有对象的名称，在"名称"按钮的下方还有一个按钮，单击它用于显示或隐藏所有对象的标签。单击"连接"按钮将显示或隐藏框架中所有连接器。单击"栅格"按钮将显示或隐藏栅格。单击"外部图形组"按钮将显示或隐藏外部图形组。单击"阴影"按钮将显示或隐藏场景中所有图形的阴影。激活对象名称标签和阴影模式如图 2-23 所示。

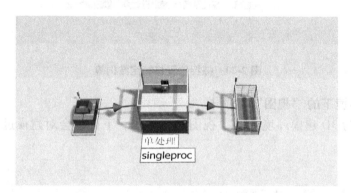

图 2-23　激活对象名称标签和阴影模式

4）选中某个对象，然后单击"临时选项"模块中的"隐藏对象"按钮，即可将该对象隐藏起来，或者选中该对象并右击，在弹出的对话框中选中"隐藏"选项即可，或者直接按〈Ctrl+H〉键即可将该对象隐藏起来，隐藏操作如图 2-24 所示。单击"取消隐藏对象"按钮会将场景中的所有隐藏对象显示出来。单击"线框"按钮会将场景中的图形绘制为线框的模式，该功能在建模过程中基本不会用到。单击"障碍"按钮则会显示或隐藏工人的障碍。

5. 3D 建模环境下的"视频"选项卡

3D 建模环境下的"视频"选项卡主要用于模型仿真过程的录制，单击"录制"按钮，然后单击事件控制器的启动仿真按钮，则会开始录制仿真过程。若想完成录制，则单击"完成"按钮。"暂停"按钮用于暂停当前的录制，"取消"按钮用于取消当前的录制。单击"播放"按钮则会播放之前录制好的视频。"视频"选项卡如图 2-25 所示。

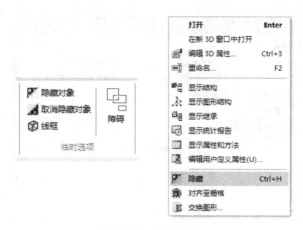

图 2-24　隐藏操作

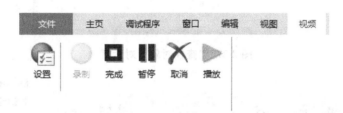

图 2-25　"视频"选项卡

6. 2D 建模环境下的"常规"选项卡

图 2-26 所示为 2D 建模环境下的"常规"选项卡，下面将对其中常用的一些指令进行介绍。

图 2-26　2D 建模环境下的"常规"选项卡

单击"查找对象"按钮，则会弹出图 2-27 所示的对话框，在对话框中的箭头所指位置输入要查找的对象名称，然后按〈Enter〉键，下部区域即可弹出该对象的所在位置，右击位置信息将会弹出快捷菜单，选择"显示"选项，这时该对象会闪烁几下，以便能更快地找到它的位置。

"缩放"模块用于对框架的内容进行缩放，也可以按住〈Ctrl〉键，然后滚动鼠标滚轮进行缩放。

"背景"按钮用于设置框架的背景颜色。"锁定结构"按钮用于将当前框架结构进行锁定，使其无法修改。"视图选项"模块用于显示或隐藏名称、连接、注释和栅格等。单击"更多"按钮打开其下拉菜单，其中的选项可用于显示或隐藏面板、前趋对象和后续对象等，如图 2-28 所示。

图 2-27 "查找对象"对话框

图 2-28 "更多"下拉菜单选项

7. 2D 建模环境下的"图标"选项卡

图 2-29 所示为 2D 建模环境下的"图标"选项卡。选中某个对象的图标，单击"上一个"或"下一个"按钮将切换该对象的图标。"方向"模块用于修改对象图标的方向。利用"操作"模块，可将图标对齐至栅格，当两个图标重叠在一起时，可单击"置于最前"或"置于最后"按钮将对象图标展示在对象前面或后面。"大小"模块用于更改对象图标的大小。

图 2-29 2D 建模环境下的"图标"选项卡

8. 2D 建模环境下的"矢量图"选项卡

图 2-30 所示为 2D 建模环境下的"矢量图"选项卡，单击"插入"模块中的"直线"等按钮，然后单击框架的空白处，按住鼠标左键拖到另一个位置，即可将图形画出来。单击"图形设置"按钮可对图形的颜色等进行定义。插入的图形和文本框如图 2-31 所示。

图 2-30　2D 建模环境下的"矢量图"选项卡

图 2-31　插入的图形和文本框

2.2.2　类库

"类库"的文件夹中包含了所有的工具对象，主要用于管理模型中的 MU 和框架。建模过程中可在其中新建文件夹和框架，鼠标拖动 MU 或框架可调整其在文件夹中的位置，按住〈Shift〉键可将 MU 或框架等对象拖放到新的文件夹中，选中类库中的对象，按〈F2〉键可修改其名称。选中 MU 或框架并右击，可利用弹出的快捷菜单对 MU 或框架的属性进行编辑。

右击"Basis"，在弹出的快捷菜单中依次选择"新建"→"文件夹"选项，即可创建一个新的文件夹，若想在文件夹内新建一个子文件夹，则右击该文件夹，再次新建文件夹即可，新建框架与新建文件夹类似，如图 2-32 所示。

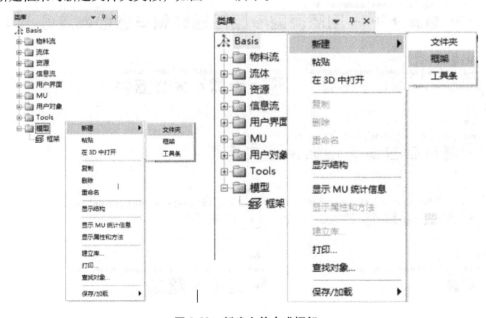

图 2-32　新建文件夹或框架

双击"MU"文件夹中的"实体""容器""小车"等，即可打开该对象的相应对话框，可对其属性值等信息进行编辑，如图 2-33 所示。

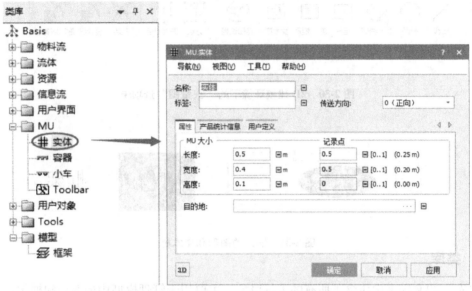

图 2-33　编辑"MU"对象的属性

2.2.3　工具箱

"工具箱"中包含了为管理"类库"对象所添加的所有工具，如图 2-34 所示，建模过程中只需将所需的工具拖入到框架中即可。下一章将详细讲解各个工具对象的功能与作用。

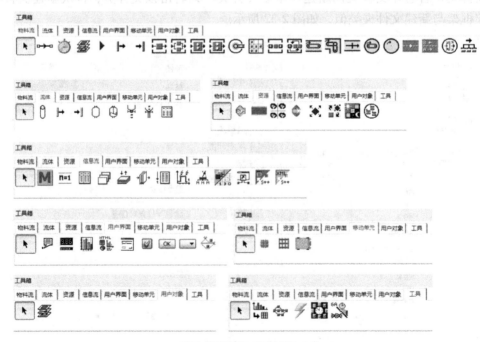

图 2-34　工具箱

第 3 章 工具对象的功能与用法

3.1 物料流

图 3-1 所示为"物料流"工具条，下面将对其中工具的功能与用法进行介绍。

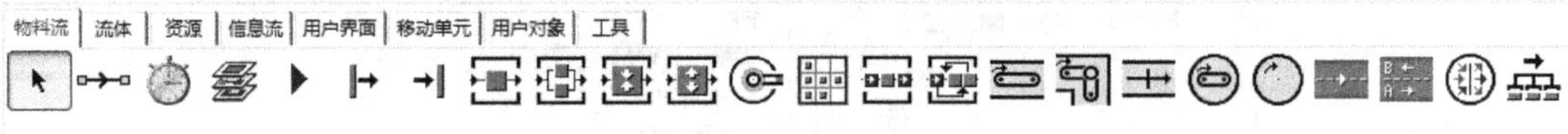

图 3-1 "物料流"工具条

3.1.1 连接器

"连接器"按钮 用于在同一框架内的两个对象之间建立物质流连接，使物质从一个对象移动到另一个对象。它还可以将一个对象与一个框架的接口（以接口为模型）连接在一起。在按等级来建模时，即在框架内嵌套时，连接器还会以箭头显示连接线路中间的连接方向。

单击"连接器"按钮后先单击对象 A 再单击对象 B 即可完成 A、B 之间的连接；单击"连接器"按钮之后先单击对象 A，再单击框架的空白处即可创建一个转折点，再单击下一个空白处即可创建另一个转折点，然后再单击对象 B，即可完成 A、B 之间的折线连接。连接器的不同连接方式如图 3-2 所示。

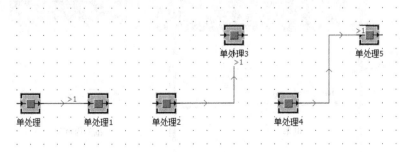

图 3-2 连接器的不同连接方式

3.1.2 事件控制器

要想打开事件控制器，可以单击菜单中的"打开"按钮，或者双击工具箱中的"事件控制器"按钮，如图 3-3 所示，打开"事件控制器"对话框，如图 3-4 所示，事件控制器提供控制模型仿真的重置（①）、开始或暂停（②）、快速仿真（③）、单步仿真（④）、仿真速率（⑤）、实时仿真（⑥）、结束时间（⑦）等功能。

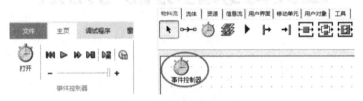

图 3-3 打开事件控制器的方式

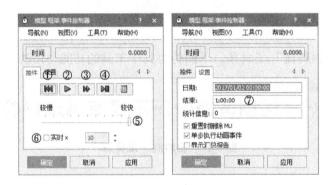

图 3-4 "事件控制器"对话框

3.1.3 框架

"框架"按钮 用于生成对对象进行分组的框架，并通过插入任何内置对象或任何设计的对象来构建层次结构模型。框架代表整个工厂，可以在自己的框架中对工厂的子部分进行建模，将其插入到代表整个工厂的框架中。"框架"对话框如图 3-5 所示。

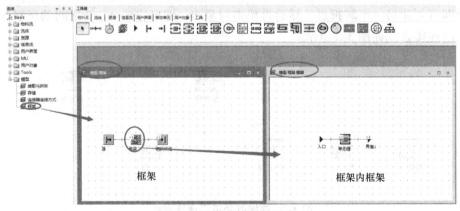

图 3-5 "框架"对话框

可在原有框架的基础上拖入一个新的框架，其将作为原有框架的子框架，然后双击子框架进行建模，并在子框架的入口和出口位置拖入一个界面工具，并用连接器将入口和出口位置与界面连接起来，单击"主页"选项卡的"打开"按钮回到原有框架，然后使用"连接器"工具即可与子框架中的界面进行连接。

3.1.4 界面

"界面"按钮 ▶ 用于在框架与对象接口之间进行模型转换。界面可以是入口，也可以是一个出口，在模拟模型中，这是一个从一个帧移动到另一个帧的地方，可以将接口放置在框架的任何位置。界面的 2D、3D 图形如图 3-6 所示。

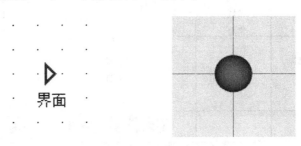

图 3-6　界面的 2D、3D 图形

3.1.5 源

"源"按钮 ▶ 在一个单一的电台产生。它的容量为 1，没有处理时间。它在一个接一个或一个混合序列中产生相同或不同类型的 MU。它可以表示为一台机器，能产生其他工作站所需要的部件。

单击"源"按钮打开"源"对话框，如图 3-7 所示，其中的属性描述见表 3-1。

表 3-1　"源"对话框属性描述

序　号	参　数	描　述
1	创建时间	共有"间隔可调""数量可调""交付表""触发器"四种方式，一般只使用前两种
2	数量	生成 MU 的数量
3	间隔	生成两个 MU 之间的间隔时间
4	开始	生成第一个 MU 的时间
5	停止	结束产生 MU 的时间
6	MU 选择	共有"常数""循环序列""序列""随机""百分比"五种选项，选择"常数"选项则只需选择产生 MU 的类型，共有实体、容器、小车三种 MU。其他选项则需定义表文件
7	MU	选择 MU 或表文件的路径

图 3-7 "源"对话框

"创建时间"为"间隔可调"与"数量可调"的设置，如图 3-8 所示。间隔可调与数量可调的区别如图 3-9 所示。

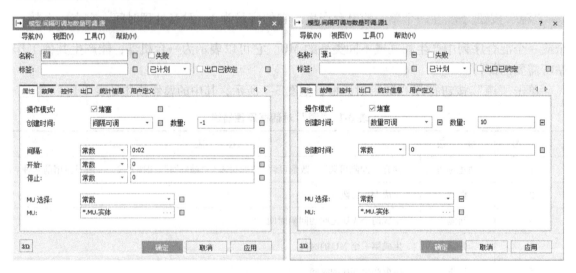

图 3-8 "间隔可调"与"数量可调"的设置

在框架中添加一个表文件和一个源，然后在"源"对话框中将"MU 选择"选择为"循环序列"，"MU"选择为刚刚添加的表文件，则表文件会自动变换格式，复制类库中的实体两次得到实体 1 和实体 2，双击打开表文件，如图 3-10 所示，将刚刚复制得到的两个实体拖入到相应的位置，按图 3-10b 所示填写好，再双击表格中的 a 处，依次填写，如图 3-11 所

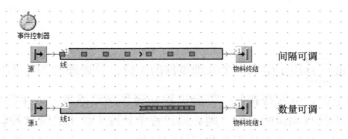

图 3-9　间隔可调与数量可调的区别

示。这样源即可按循环序列依次生成 9 个好的实体 1 和 1 个坏的实体 2。其他“MU 选择”选项设置方法与此类似。

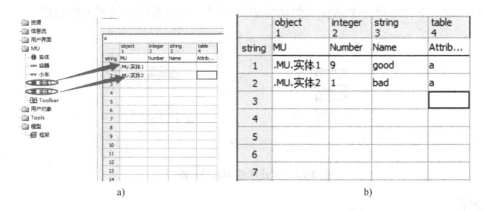

a)

	object 1	integer 2	string 3	table 4
string	MU	Number	Name	Attrib...
1	.MU.实体1	9	good	a
2	.MU.实体2	1	bad	a
3				
4				
5				
6				
7				

b)

图 3-10　打开表文件

	string 1	integer 2	boolean 3	string 4
string	Name of Attribute	integer	boolean	string
1	quality			good
2				
3				
4				
5				
6				
7				

	string 1	integer 2	boolean 3	string 4
string	Name of Attribute	integer	boolean	string
1	quality			bad
2				
3				
4				
5				
6				
7				

图 3-11　定义 MU 属性

3.1.6　物料终结

“物料终结”按钮 用于生成物料终结站，其可将工厂生产的零件和工件在加工完成后移走。可以使用它来模拟工厂的运输部门，类似于卡车把货物拉走。它的内置属性与单处理相同，就像单处理一样，它有一个加工站。唯一的区别是物料终结站会去除工厂的加工部分，不是将其移动到物料流中的后续对象上，而是直接将物料移除。使用过程中一般不必修改其中的属性，直接拖入到框架中与连接器连接使用即可。

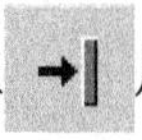

3.1.7 单处理

"单处理"按钮 ![icon] 用于生成一个处理零件的工位,单处理的 2D、3D 图形如图 3-12 所示。单处理工位从它的前续流程接收一部分进程并转移到后继者。如果物料的类型不相同,也就是说如果它们不具有相同的名称,则必须设置单处理工位来处理这种新型的物料。物料位于单处理工位上时,单处理工位不会收到任何其他物料。一个物料只有在单处理工位可用时才会进入,即没有其他物料位于单处理工位上面。工厂仿真总是将整个物料移动到不连续的位置,也就是说一旦它位于单处理工位上,整个零件就位于其上。

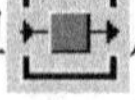

建模过程中用得比较多的就是单处理工位,"单处理"对话框涵盖了大部分工位选项卡对话框的功能,下面对每一个选项卡的功能进行介绍,后面有特殊的再另做介绍。

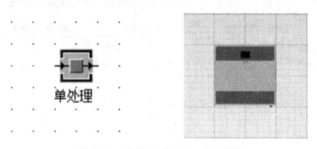

图 3-12 单处理的 2D、3D 图形

1. 时间

单击"单处理"按钮,打开"单处理"对话框,如图 3-13 所示,单处理工位"时间"选项卡功能描述见表 3-2。

图 3-13 "单处理"对话框"时间"选项卡

第3章 工具对象的功能与用法

表 3-2 "单处理"对话框"时间"选项卡功能描述

序 号	参 数	描 述
1	处理时间	设置单处理工位处理 MU 的时间,先在下拉列表中选择处理方式,然后在文本框中输入处理的时间
2	设置时间	为处理不同类型的 MU 而设置对象所需的时间
3	恢复时间	设置单处理工位在确定处理下一 MU 开始之前所需定义状态的时间
4	恢复时间开始	选择恢复时间的开始计时点
5	周期时间	周期时间是物质流对象入口处的第二闸门周期性地打开和关闭的时间,而不管 Mu、对象是什么

2. 设置

"设置"选项卡如图 3-14 所示,建模过程基本不会用到其功能,这里不做详解。

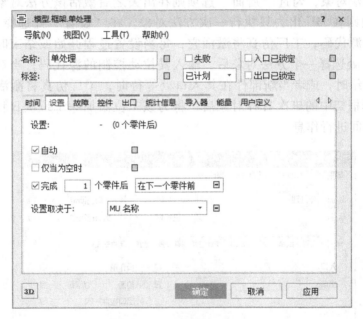

图 3-14 "设置"选项卡

3. 故障

机器工作时是不可能达到百分百运转的,这时就需要为工位设置故障率,如图 3-15 所示,单击"新建"按钮,在弹出的对话框中,"可用性"即为正常工作的百分比,修改其故障率进行修改;"MTTR"表示故障的平均修复时间,"故障关系到"下拉列表提供故障对哪个时间有关系的选项。定义好之后单击"确定"按钮即可将故障率设置给工位。

4. 控件

"控件"选项卡用于对该工位创建控制或者选择一个方法(method)对象进行控制,如图 3-16 所示。勾选"操作前"选项并在"入口"处创建控制或者选取一个方法对象,即可在 MU 进入对象前激活该方法对象。勾选"出口"处的"前面"选项,则在 MU 出

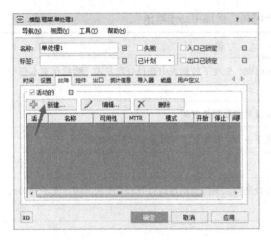

图 3-15 设置故障率

去之前激活该方法对象,勾选"后面"选项则在出去之后激活该方法对象,勾选"出口控件一次"选项则在 MU 出去只执行一次方法对象。在"设置"处选择一个方法对象,输入设置控制的源代码,工厂仿真将激活它,每当设置过程开始或结束时,控制将被调用。在"拉动"处选择一个方法对象后,输入其拉动控制的源代码,当对象准备接受新的部件或准备就绪时,或者当新部件在其入口处等待时,工厂仿真将激活它。在"班次日程表"处选择框架中的班次日程对象后,将为该工位添加一个班次日程表,工位按照班次日程表的时间进行作息。

图 3-16 "控件"选项卡

5. 出口

在"出口"选项卡中,如图 3-17 所示,可从"策略"下拉列表中选择策略,根据该策略，对象将该部分移动到其继承者之一。通常，当序列的操作没有唯一指定的处理该部分的下一个对象时，将使用分发策略来分发材料流。目标是在某些方面做出接近最优的选择，如成本或时间。

图 3-17 "出口"选项卡

6. 统计信息

在"统计信息"选项卡中可以选择统计的资源类型，如图 3-18 所示，勾选"资源统计信息"选项，将在模型运行期间收集统计数据，并在选项卡内显示最重要的值。

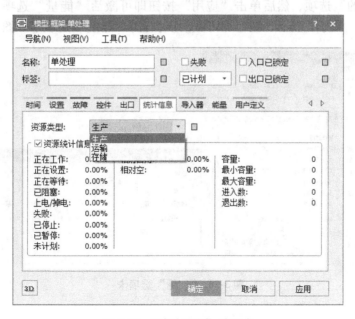

图 3-18 "统计信息"选项卡

7. 导入器

在"导入器"选项卡中，如图 3-19 所示，勾选"活动的"选项，即可为该工位添加工人作业。"请求控件""接收控件""释放控件"即为选择一个方法对象，方法对象中写入源代码，控制工位如何请求、接收和释放 MU。

图 3-19　"导入器"选项卡

8. 能量

勾选"活动的"选项，然后单击"应用"按钮即可激活"能量"选项卡，输入数值或选择可用的设置，单击"应用"按钮即可激活该设置。"能量"选项卡如图 3-20 所示。

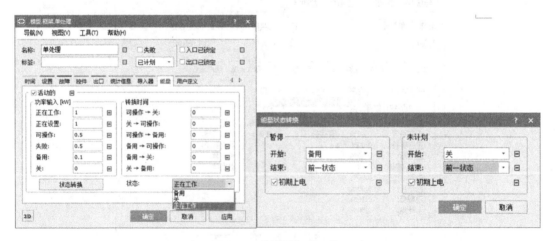

图 3-20　"能量"选项卡

9. 用户定义

"用户定义"选项卡用于新建一个对象的属性，并在方法对象中进行调用，如图 3-21 所示。

第3章　工具对象的功能与用法

图 3-21　"用户定义"选项卡

3.1.8　并行处理

"并行处理"按钮 用于生成几个站同时并行处理移动对象（MU）的流程，并行处理的 2D、3D 示例如图 3-22 所示。并行处理流程的内置属性与单处理工位相同，唯一的区别是并行处理流程有多个处理站，而不是单处理工位的单个处理站。当没有输入特殊的入口控制时，并行处理流程会将一个输入零件放到一个随机站上。如果零件的名称不同于之前处理的零件，即它的前身，则始终需要设置时间。

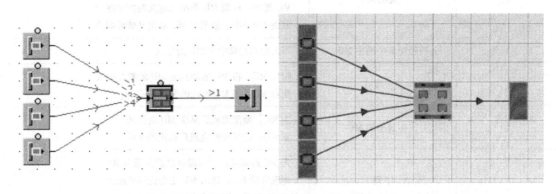

图 3-22　并行处理的 2D、3D 示例

3.1.9　装配

"装配"按钮 用于生成装配站，它能将零件添加到一个主要部件上，并将其移动到 MU 的安装部分，根据输入到装配表中的值装配或移除它们。当装配过程需要服务时，可以对装配工作站安装零件和请求服务的顺序进行设置。

单击"装配"按钮打开"装配"栏对话框如图 3-23 所示，装配站属性参数描述见表 3-3。

033

图 3-23 "装配"对话框

表 3-3 装配站属性参数描述

序号	参数	描述
1	装配表	无:直接将一个 MU 装配到主 MU 中 前趋对象:根据前趋对象来定义装配顺序 MU 类型:根据 MU 类型来定义装配顺序 取决于主 MU:根据主 MU 来定义装配顺序
2	前趋对象中的主 MU	写入前趋对象中主 MU 的序列
3	装配模式	附加 MU:将 MU 附加到主 MU 的装配模式 删除 MU:将 MU 删除的装配模式
4	正在退出的 MU	主 MU:装配完成后从主 MU 退出来 新 MU:选择装配完成后退出的 MU
5	序列	先 MU 后服务:请求服务之前先请求 MU 先服务后 MU:请求 MU 之前先请求服务 MU 和服务:同时请求服务和 MU

如图 3-24 所示,在菜单栏中切换到"常规"选项卡,单击展开"更多"下拉列表,单击"前趋对象"选项即可激活前趋对象功能。打开"装配"对话框,在"装配表"的下拉列表中选择前趋对象,如图 3-25 所示,然后单击"打开"按钮对表进行编辑,表中"Predecessor"列的"2"表示前趋对象序号为 2 的 MU(这里表示零件),"Number"列的"4"为所需要装配的零件个数。"属性"选项卡中"前趋对象中的主 MU"中的"1"表示前趋对象序号为 1 的 MU(这里表示主 MU),这样该装配站即为主 MU 装配 4 个零件然后退出到下一个对象。

如图 3-26 所示,在框架中添加两个源、一个装配工位、一条线和一个物料终结站并用

第3章 工具对象的功能与用法

图 3-24 激活前趋对象功能

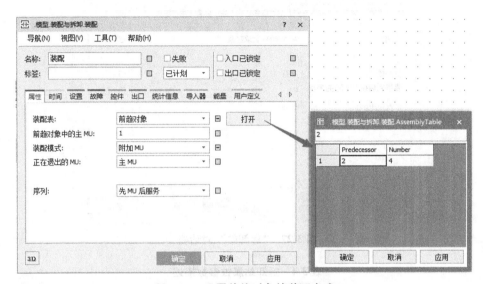

图 3-25 设置前趋对象的装配方式

连接器连接起来，源生成的物料为容器，源1生成的物料为实体，先将源与装配工位连接起来，再将源1与装配工位连接起来，这样源为前趋对象1，源1为前趋对象2，装配工位按如上所述方式进行定义，启动仿真，观察仿真过程。可将"装配模式"修改为"删除MU"的模型，再启动仿真观察仿真过程。

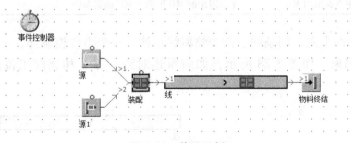

图 3-26 装配示例

3.1.10 拆卸站

"拆卸站"按钮 用于生成拆卸站，其可将安装的部件从主MU中移除，否则会产生新的MU。可以用它来模拟工厂的拆卸过程。

单击"拆卸站"按钮打开"拆卸站"对话框,如图 3-27 所示,拆卸站属性参数描述见表 3-4。

图 3-27 "拆卸站"对话框

表 3-4 拆卸站属性参数描述

序 号	参 数	描 述
1	序列	拆卸 MU 的序列有 MU 到所有后续对象、MU 独立于其他 MU 退出、先其他 MU 后主 MU 三种
2	拆卸模式	拆卸模式有拆离 MU 和创建 MU 两种
3	要移到后续对象的主 MU	写入后续对象主 MU 的序号
4	正在退出的 MU	正在退出的 MU 可选主 MU 或新 MU

在框架中添加两个源、两条线、两个物料终结站、一个事件控制器、一个装配工位和一个拆卸站并连接起来,如图 3-28 所示,如前所述对源、源 1 和装配工位进行定义,打开

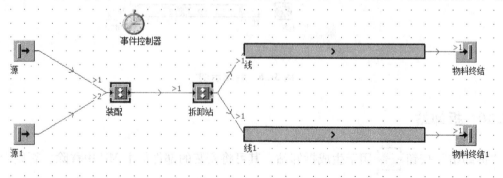

图 3-28 拆卸示例

"拆卸站"对话框,如图 3-29 所示进行定义。启动仿真,得到图 3-30 所示的结果。

图 3-29 MU 到所有后续对象的拆卸序列设置

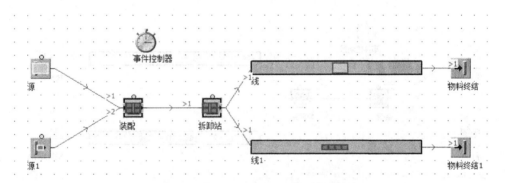

图 3-30 "拆离 MU"模式的拆卸仿真示例

修改"拆卸模式"为"创建 MU",启动仿真,得到图 3-31 所示的结果。

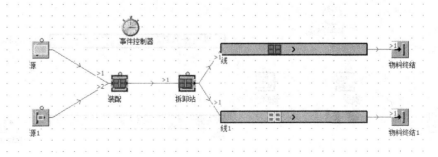

图 3-31 "创建 MU"模式的拆卸仿真示例

如图 3-32 所示，修改卸载站的"序列"为"MU 独立于其他 MU 退出"，单击打开"拆卸表"，这里拆卸的 MU 为实体，所以将 MU 文件夹中的实体拖入到表格中的"MU"列，之前的装配工位装配了 4 个 MU，所以拆卸的数量为 4，后续对象为 2，即线 1。启动仿真得到图 3-33 所示的结果。若不对表格进行定义，则得到图 3-34 所示的结果。

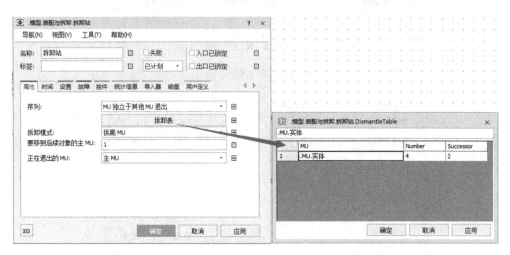

图 3-32 "MU 独立于其他 MU 退出"的拆卸序列设置

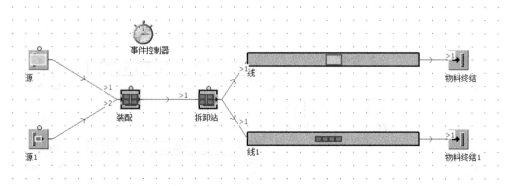

图 3-33 "MU 独立于其他 MU 退出"的拆卸仿真示例 1

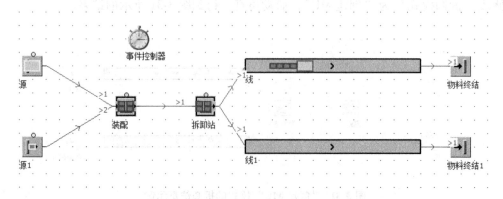

图 3-34 "MU 独立于其他 MU 退出"的拆卸仿真示例 2

如图 3-35 所示，修改卸载站的"序列"为"先其他 MU 后主 MU"，先不定义拆卸表，启动仿真，得到图 3-36 所示的结果。

图 3-35 "先其他 MU 后主 MU"的拆卸序列设置

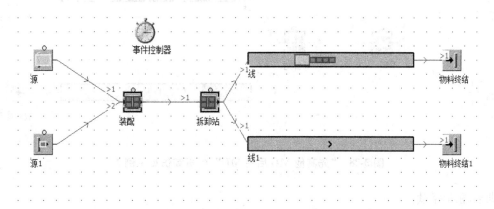

图 3-36 "先其他 MU 后主 MU"的拆卸仿真示例 1

如图 3-37 所示，在"先其他 MU 后主 MU"的"序列"设置下，单击打开"拆卸表"，将 MU 文件夹中的实体拖入到"MU"列，"Number"（数量）列写入"4"，"Successor"（后续继承者）列写入"2"，启动仿真，得到图 3-38 所示的结果。

3.1.11 选取并放置

"选取并放置"按钮 ⊙ 用于生成选取并放置机器人，其可在一个站点拾取零件，再旋转一定角度到另一个站点并放置零件。它可以提取并运送一个或多个零件，要拾取多个零

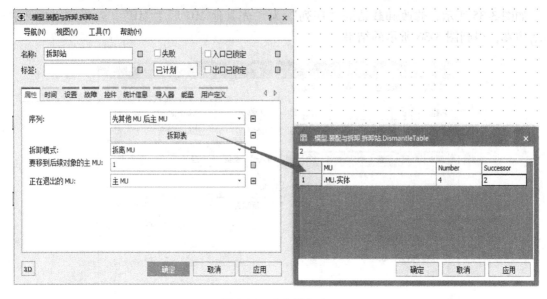

图 3-37 定义拆卸表

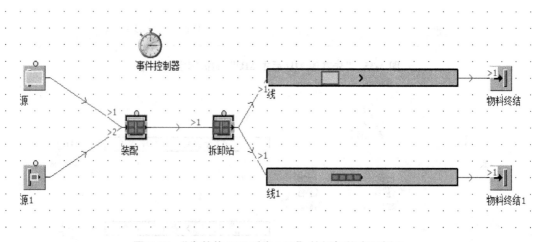

图 3-38 "先其他 MU 后主 MU"的拆卸仿真示例 2

件,则需输入容量。

单击"选取并放置"按钮打开"选取并放置"对话框,如图 3-39 所示,选取并放置属性参数描述见表 3-5。

表 3-5 选取并放置属性参数描述

序号	参数	描述
1	角度表	当用连接器将机器人与一个对象连接起来时,角度表自动生成双方相对位置的一个角度
2	时间表	记录机器人旋转到每一个对象位置的时间,可对时间进行更改以加快机器人旋转速度
3	转至默认位置	机器人每卸载完一个 MU 后都会转回到默认角度

(续)

序号	参数	描述
4	时间因子	默认值为1,无需更改
5	默认角度	定义机器人在初始位置的角度
6	阻挡角度	机器人若达到这个角度则无法旋转过去,若一定要转过去,则向相反的方向旋转
7	容量	机器人一次能够拾取零件的容量
8	MU 传送方向	卸载 MU 后,改变或保留 MU 的方向
9	加载时间	加载 MU 的处理时间
10	卸载时间	卸载 MU 的处理时间

图 3-39 "选取并放置"对话框

在框架中添加三个单处理工位、一个源、一个物料终结站、一个事件控制器和一个选取并放置机器人,并且将它们连接起来,启动仿真,得到图 3-40 所示的结果。

机器人与对象连接后会自动生成一个旋转角度,若要修改机器人的旋转角度,则双击"选取并放置"图标打开机器人的"选取并放置"对话框,单击"角度表"按钮,如图 3-41 所示,在弹出的表格中双击对应的数值,然后输入相应的数值进行修改。

如图 3-42 所示,机器人旋转到某个角度需要一定的时间,若要修改旋转的时间,则单击打开时间表进行编辑,第三列第二行中的数值"6"即为从默认角度旋转到单处理工位的时间为 6s,双击它,接着输入某个数值,单击"应用"按钮再单击"确定"按钮,即可更改其旋转时间为输入的数值。

如图 3-43 上图所示,机器人在把 MU 放到工位上后,会保持这个动作,若想让其放完物料后旋转到原来的位置,则需把"转至默认位置"这个选项勾选上。

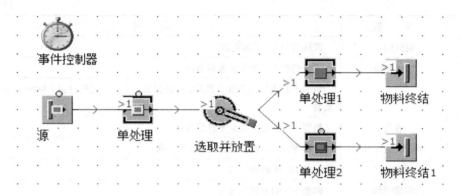

图 3-40　选取并放置仿真示例

图 3-41　编辑机器人旋转角度表

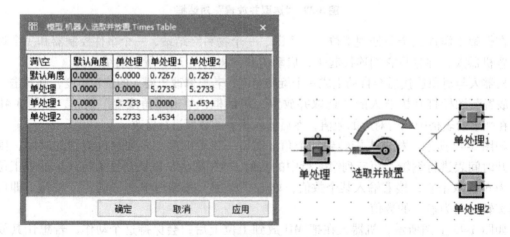

图 3-42　编辑机器人旋转时间表

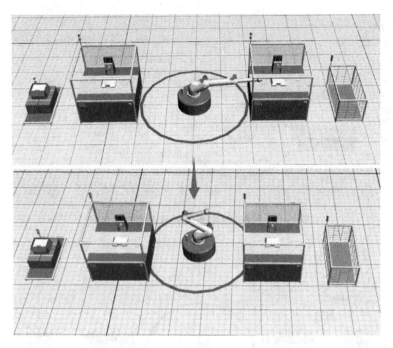

图 3-43 激活"转至默认位置"选项

若要修改机器人的初始方向,在 2D 建模中只能通过修改它的"默认角度"数值来修改,如图 3-44 所示,修改其数值为"180",修改后其方向不会立即改变,需要启动模型仿真才会变换。

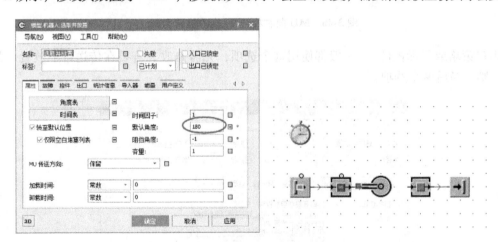

图 3-44 修改机器人的默认角度

若是 3D 建模,除了修改机器人的默认角度外,还可以打开其 3D 属性对话框修改旋转角度,这样可以立即将其旋转到某个角度,无需启动仿真,如图 3-45 所示。

"MU 传送方向"中有很多种选项,一般会选择"保留",机器人就会将 MU 放到下一个物料流对象内,MU 的方向还保持原来的方向。再将"MU 传送方向"选择为"向右旋转 90 度",启动仿真,得到如图 3-46 所示的结果。

如图 3-47 所示,在"出口"选项卡的"目标选择"下拉列表中有三个选项,初始选项

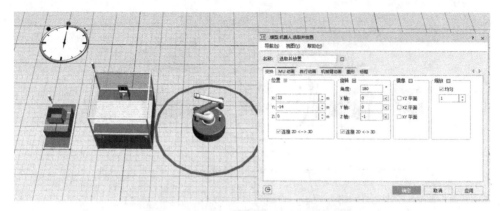

图 3-45　3D 建模中修改机器人的旋转角度

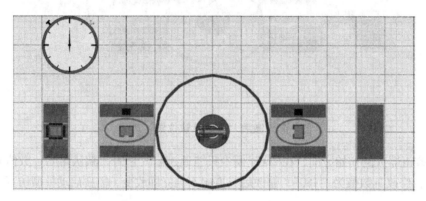

图 3-46　MU 向右旋转 90 度的仿真示例

为"出口策略或目标控件",一般都使用这个选项,无需修改。若要在传送带上放置或加载零件,则选择后两个选项。

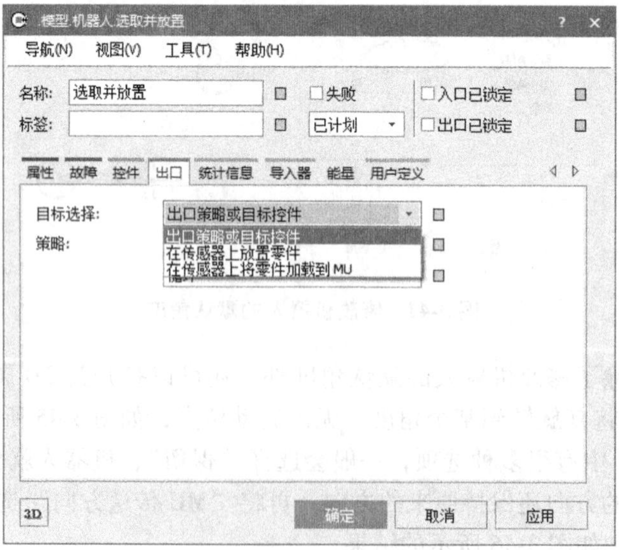

图 3-47　设置机器人"出口"选项卡

如图 3-48 所示，在框架中添加一个源、一个选取并放置机器人、一条线、一个事件控制器和一个物料终结站并连接起来。右击线创建一个传感器，输入数值使其位置与机器人位置平行，如图 3-49 所示。

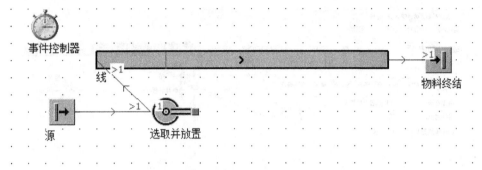

图 3-48　在传感器上放置零件模型示例

图 3-49　在线上创建传感器

然后双击"选取并放置"图标打开其对话框，修改其"默认角度"为 180°，使其面向于源，然后打开角度表进行编辑，如图 3-50 所示。切换到"出口"选项卡，设置

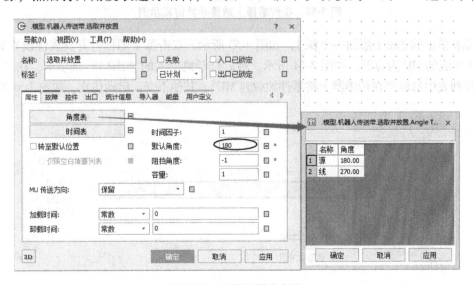

图 3-50　编辑机器人角度

"目标选择"为"在传感器上放置零件","目标对象"选择"线",单击"确定"按钮,然后在"目标传感器 ID"文本框中输入"1",如图 3-51 所示。启动仿真,如图 3-52 所示。

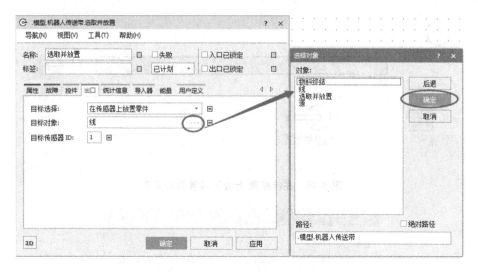

图 3-51　在传感器上放置零件设置

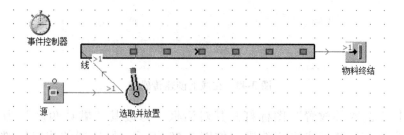

图 3-52　在传感器上放置零件仿真示例

在原有模型的基础上添加一个源 1,如图 3-53 所示。双击源 1 图标打开其属性设置对话框,修改源 1 生成的 MU 为容器,如图 3-54 所示。然后打开机器人的"出口"选项卡,在"目标选择"下拉列表中选取"在传感器上将零件加载到 MU",其他不变。启动仿真,如图 3-55 所示。

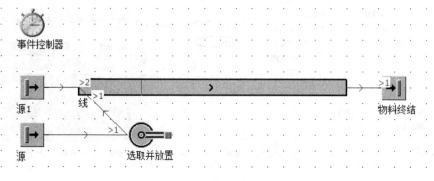

图 3-53　添加一个源 1

第3章 工具对象的功能与用法

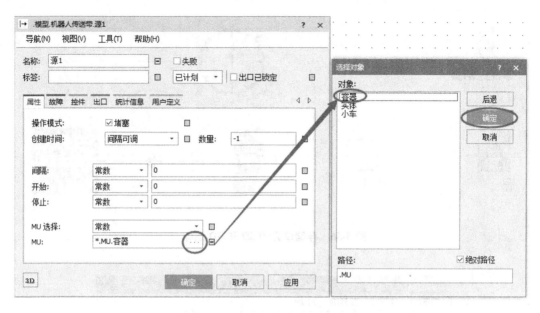

图 3-54 定义源 1 生成的 MU 为容器

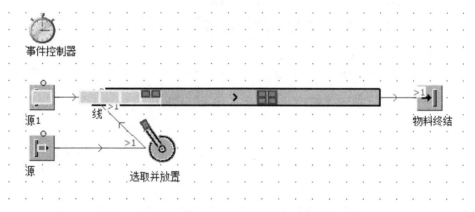

图 3-55 在传感器上将零件加载到 MU 仿真示例

3.1.12 存储

"存储"按钮 ![icon] 用于生成存储单元，可以定义任意数量的 MU，它们会保留在存储单元中，直到将其移除为止，只要存储区域内有空余位置，存储单元就会接收 MU。存储单元的 2D 和 3D 图标如图 3-56 所示。

零件在进入存储单元时触发传感器，然后传感器调用入口控件，即方法对象，该对象确定放置零件的存储位置。入口控件可以用来执行定义的任何其他操作。如果未定义入口控件，则存储单元将零件放置在坐标网络中的第一个未被占用的位置。

双击"存储"图标打开其对话框，如图 3-57 所示，"X 尺寸""Y 尺寸""Z 尺寸"值为该存储单元的容量尺寸，三个值的乘积即为其容量。

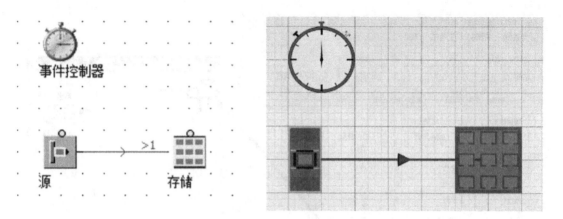

图 3-56　存储单元的 2D 和 3D 图标

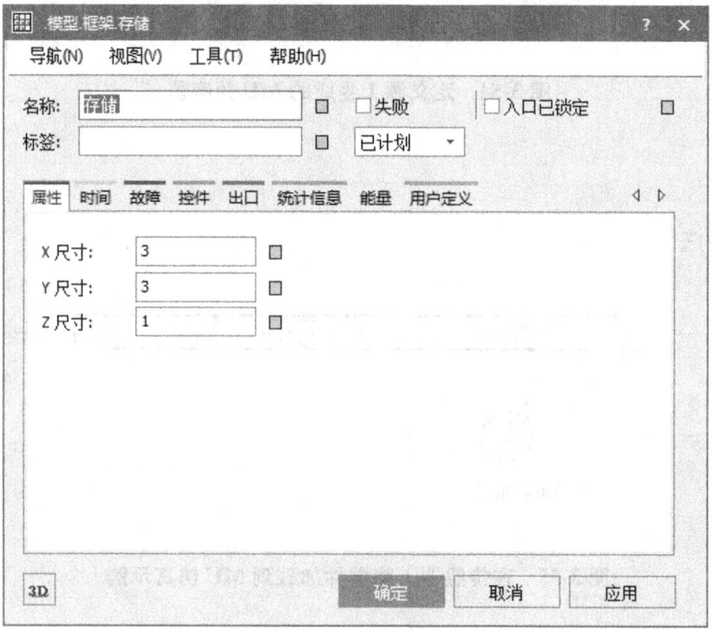

图 3-57　"存储"对话框

3.1.13　缓冲区

"缓冲区"按钮  用于生成放置在工厂两个工位之间的缓冲区，其有两个用途：其一，当其中一个零件在站点序列中失败时它会暂时存放该零件；其二，当前面的序列停止工作时，它会移动零件，防止生产过程停止。

有足够大容量覆盖所有故障的缓冲区可使工厂的两个组件完全分离。缓冲区不仅能在故障时间内产生潮汐，还可以作为波动运输和运行时间的补偿站，从而在机器或组件的前面形成队列。即使这样，它也不能总是阻止物质流被中断或停止。由于对象缓冲区没有单独的站点，因此不需要划分处理时间，此外，可以选择对象退出缓冲区的顺序。缓冲区的 2D 和 3D 图形如图 3-58 所示。

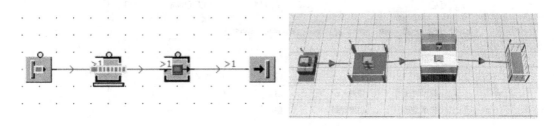

图 3-58　缓冲区的 2D 和 3D 图形

"缓冲区"对话框如图 3-59 所示，"容量"值为该缓冲区所能存储物料的数量。"缓冲类型"有"队列"和"栈"两种，若选择"队列"，则物料会按从上到下的顺序进行缓冲；相反，"栈"表示从下到上的顺序。

图 3-59　"缓冲区"对话框

3.1.14　排序器

"排序器"按钮 用于生成排序器，其可根据一定的标准对物料进行排序。排序器将最先移动优先级最高的对象，而不考虑它进入的时间。

"排序器"对话框如图 3-60 所示，排序器升序与降序的对比如图 3-61 所示，排序器属性参数描述见表 3-6。

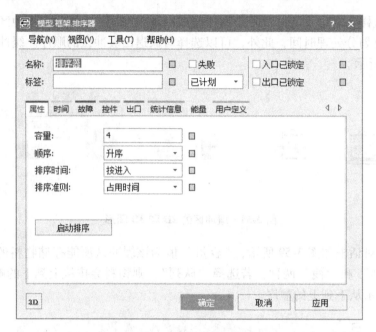

图 3-60 "排序器"对话框

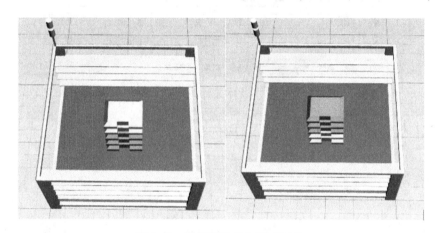

图 3-61 排序器升序与降序对比

表 3-6 排序器属性参数描述

序号	参数	描述
1	容量	排序器上所能存储的 MU 数量
2	顺序	当选择降序排序时，排序器会以从最高值至最低值的顺序（首先设置排序准则）移动排序对象。当选择升序排序时，排序器将最先移动具有最低值的对象
3	排序时间	可以选择按进入的时间或访问的时间进行排序
4	排序准则	排序准则有占用时间、MU 属性和方法三种，相应数值的数据类型必须是实数或可转换为实数的数
5	启动排序	开始进行排序

3.1.15 线

"线"按钮 用于生成表示工厂中传送带部件的线模型,以实现两个物料流工位之间零件的传输,可以在"线"对话框中设置它的长度、宽度、容量、速度和 MU 之间的距离。

"线"对话框如图 3-62 所示,线属性参数描述见表 3-7。

图 3-62 "线"对话框

表 3-7 线属性参数描述

序号	参数	描述
1	长度	线的长度
2	宽度	线的宽度
3	速度	线传输 MU 的速度
4	时间	MU 从线的入口传输到出口所需的时间
5	加速度	添加或去除加速度
6	容量	线上能加载 MU 的最大值

（续）

序号	参数	描述
7	MU 距离类型	间隙：两个 MU 边界之间的距离 间隔：两个 MU 中心点之间的距离 最小间隙：两个 MU 之间间隙的最小值 最小间隔：两个 MU 之间间隔的最小值
8	MU 距离	两个 MU 之间的相对距离
9	累积	要使内存积累在传输对象上，则勾选此项。这可使线的出口被阻塞时，MU 可以前后移动
10	自动停止	设置线自动停止，适用于当传输对象为空时，或者当传输对象被阻塞而无法离开时
11	方向	使 MU 向相反的方向传输

使用线时，单击框架中的空白处 A，再单击框架中空白处 B 即可创建 A 到 B 的线，此外按〈Ctrl〉键可进行圆弧段的创建，如图 3-63 所示。在左上角的"直线/圆弧参数"对话框中可以设置创建线的数值，如图 3-64 所示。

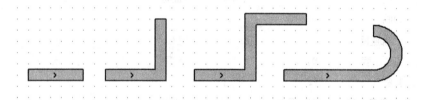

图 3-63 创建不同形状的线

图 3-64 定义线段与圆弧段

若要修改已经创建好的线的参数，则在其上右击，并在弹出的菜单中选择"段"选项下的"编辑"子选项，在弹出的对话框中对数值进行修改即可，如图 3-65 所示。

第3章 工具对象的功能与用法

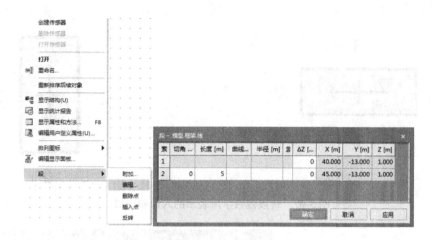

图 3-65 修改线段数值

3.1.16 角度转换器

"角度转换器"按钮 ![icon] 用于生成角度转换器,其可改变移动物体的传送方向,从纵向传送转换到横向传送,或者从横向传送转换到纵向传送,如图 3-66 所示。

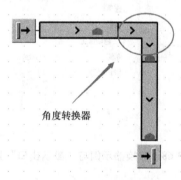

图 3-66 角度转换器示例

3.1.17 转换器

"转换器"按钮 ![icon] 用于生成改变物料方向的转换器,以建模物料搬运设备。其入口和出口用数字标记,如图 3-67 所示。当物料移动到传送带附近时,它要么沿着输送方向(2→0)被运输,要么借助提升机构将其提升到相垂直的运输方向(2→1 或 2→3)上,然后向前移动。

在框架中添加一个源、三个物料终结站、三条线、一个转换器和一个事件控制器并连接起来,如图 3-68 所示,双击打开"转换器"对话框,修改其"默认出口"选项,分别启动仿真观察结果,得到图 3-69 所示的结果。

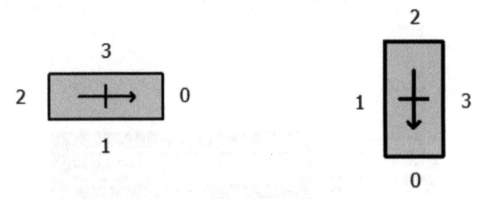

图 3-67 转换器数字所表示的入口和出口

图 3-68 转换器示例与"默认出口"选项

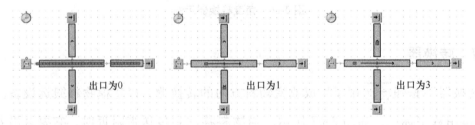

图 3-69 不同默认出口的仿真结果

3.1.18 旋转输送台

"旋转输送台"按钮 ⬚ 用来生成模拟旋转平台的旋转输送台,其可将部料旋转并移动到与其相连接的物料流工位中。旋转输送台的容量始终为一，即在任何时候都只有一个对象可以在它上面。

"旋转输送台"对话框如图 3-70 所示，旋转输送台属性参数描述见表 3-8。

图 3-70 "旋转输送台"对话框

表 3-8 旋转输送台属性参数描述

序号	参数	描述
1	长度	旋转输送台的长度
2	宽度	旋转输送台的宽度
3	旋转点	旋转输送台的中心位置
4	传送带速度	旋转输送台传输的速度
5	每旋转 90°所需时间	旋转输送台旋转 90°所需的时间
6	旋转时间	选择旋转开始的时间选项
7	转至默认位置	激活或关闭转至默认位置设置
8	默认角度	激活"转至默认位置"选项时，MU 离开后旋转至的与初始位置的相对角度
9	MU 是否反向离开取决于	输入决定 MU 是否反向离开的对象名称，则可形成关联触发
10	入口角度表	定义入口角度的表格
11	出口角度表	定义出口角度的表格
12	自动停止	激活自动停止设置

旋转输送台用于分配 MU 到不同的工位，在框架中添加一个源、三个物料终结站和一个旋转输送台并连接起来，启动仿真，观察仿真结果，如图 3-71 所示。

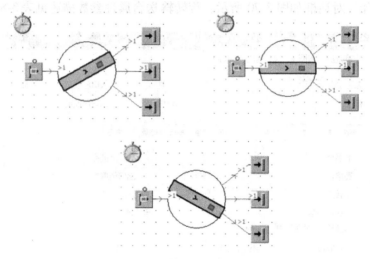

图 3-71　旋转输送台仿真示例

3.1.19　转盘

"转盘"按钮 用于生成模拟旋转平台的转盘，旋转平台旋转负载部件，并确保离开部件的统一定位。一个典型的应用场景是在物流行业中，所有的包裹都必须被旋转到一个统一的方向，这样扫描仪就可以自动读取包含地址信息的条形码。图 3-72 所示为 MU 进入转盘前、后的状态。

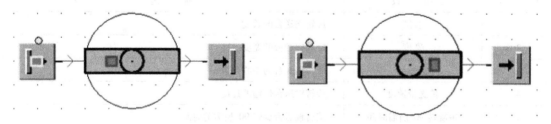

图 3-72　MU 进入转盘前、后的状态

转盘的容量为 1，即在任何时候都只有一个零件可以在它上面。零件移动到转盘上，转盘开始旋转，直到零件的预定点到达转盘的旋转中心。旋转完成后，零件离开转盘。转盘上的输送方向是单向的，即这个零件不能向前，也不能向后。只要零件本身不超过转盘本身的长度，零件的长度就无关紧要。

旋转中心默认位于转盘中心。旋转需要一定的时间，可以在 90°的旋转步骤中输入旋转时间。如果输入的旋转时间为 0，则该零件在不等待任何时间的情况下立即旋转。

输入的旋转角度应该是 90°的倍数，如果输入了另一个角度，Plant Simulation 将这个角度转到下一个能被 90°整除的角度。也可以输入大于 360°的值，只要它能被 90°整除。通过这种方式，转盘可以多次旋转部件来模拟包装机。默认情况下，转盘按顺时针方向旋转 90°。

3.1.20 轨道

"轨道"按钮 ![btn] 用来生成模拟传输线路的轨道，无论是否有自动导航，运输单元都会在其上移动和运送物料。例如，可以利用轨道来建模 AGV（自动导航车辆）系统。轨道的 2D 和 3D 图形如图 3-73 所示。

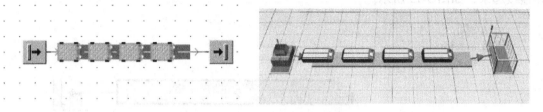

图 3-73　轨道的 2D 和 3D 图形

运输单元在轨道上行驶的距离和时间由轨道的长度、运输单位自身的长度和速度决定。与其他物料流对象不同，在模拟运行过程中，轨道使用实际长度。一个运输单位不能超过另一个运输单位而在它前面移动，因此，运输单元保持他们前进的顺序和离开轨道的顺序（FIFO）。

轨道的最大容量是由它的长度和在它上面移动的单个运输单元的长度来定义的，可以使用容量来限制位于轨道上的运输单元的数量。

运输单元可以在轨道上向前或向后移动，也就是说运输单元可以从出口进入轨道，并从其入口处离开。注意，向前和向后移动不是轨道的属性，而是运输单元特性。通过插入任何一个弯曲段或直线段的序列，可以逼真地模拟出运输单元移动的曲线轨道。

3.1.21 双通道轨道

"双通道轨道"按钮 ![btn] 用来生成模拟双向运输线路的双通道轨道，其上的运输单元在两条轨道上沿相反的方向行驶，如图 3-74 所示。每条轨道都有它自己的长度，以实际地模拟车道的长度，当轨道转弯时，靠外的车道比靠内的长。

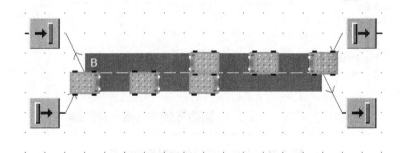

图 3-74　双通道轨道

3.1.22 流量控制

"流量控制"按钮 ⊕ 用于生成流量控制单元,其用于分离和汇集工厂的物料流。注意流量控制单元不处理 MU,而只将它们分配到在模拟模型中可成功运行的站点序列中。可以连接两个其他对象进行流量控制,也可以根据需要连接更多对象。

在框架中添加一个源、两个物料终结站、一个流量控制单元、两条线和一个事件控制器并连接起来,如图 3-75 所示。

图 3-75 流量控制建模示例

双击"源"图标打开其对话框,如图 3-76 所示,在"创建时间"下拉菜单中选择"数量可调"选项,修改生成 MU 的"数量"为"10"个,单击"确定"按钮。

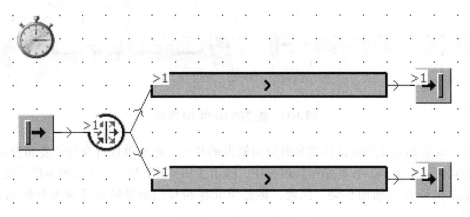

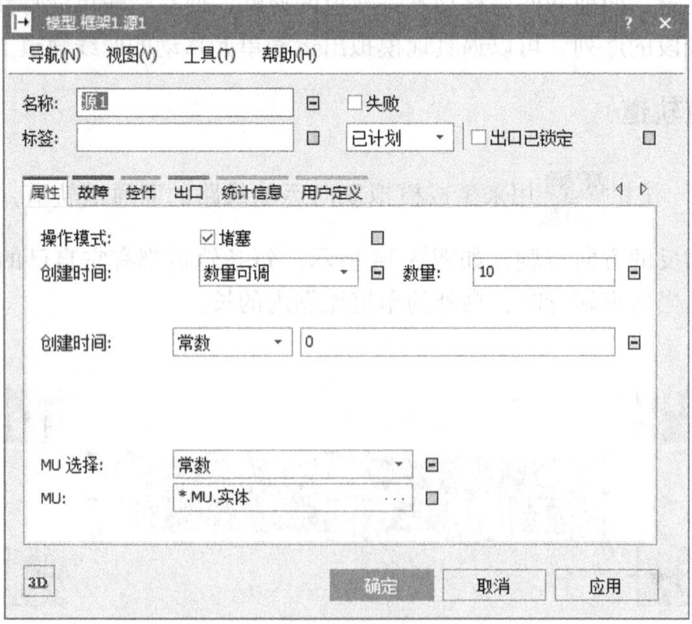

图 3-76 定义 MU 的创建时间和数量

双击"流量控制"图标打开其对话框,在"出口策略"选项卡中,勾选"堵塞"选项,然后选择"百分比"的策略,单击"打开列表"按钮,在表格中分别输入"30"和"70",如图3-77所示。启动仿真,得到图3-78所示的结果。

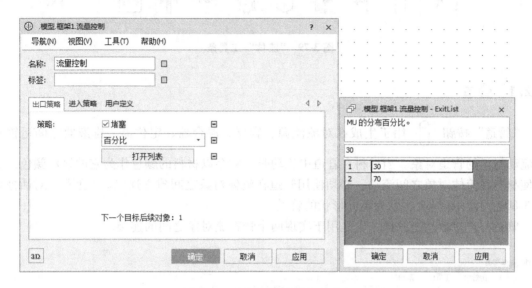

图3-77 定义流量控制出口策略

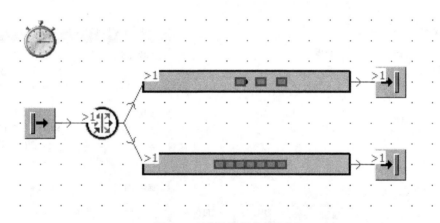

图3-78 流量控制仿真示例

3.1.23 周期

"周期"按钮 用于生成物料的周期控制单元,以控制物料从站到站的同步转移。

3.2 流体

图3-79所示为"流体"工具条,下面将对其对象的功能与用法进行介绍。

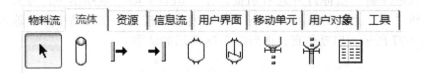

图 3-79 "流体"工具条

3.2.1 管道

"管道"按钮  用于生成在对象流源、容器、混合器、定位器、排液器之间运输自由流动材料的管道对象。当材料在管道中流动时，它会以材料的颜色作为它的显示颜色。为了使材料在流体对象之间流动，必须使用管道在流体对象之间建立连接。"管道"对话框如图 3-80 所示。图 3-81 所示为不同形状的管道。

管道与连接器功能一样，也是用于实现两个物料流对象之间的连接。

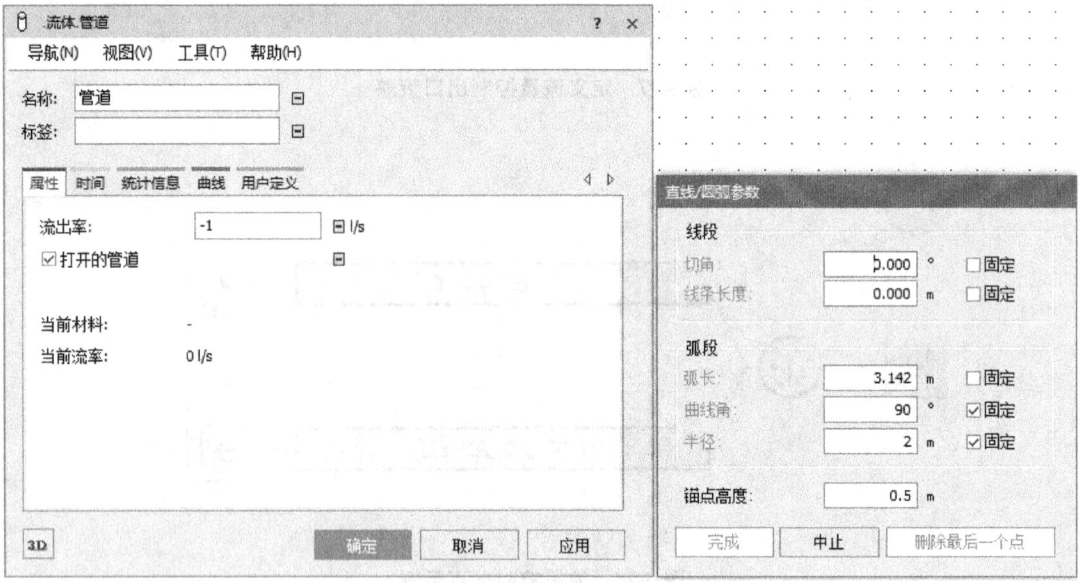

图 3-80 "管道"对话框

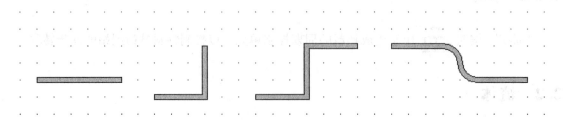

图 3-81 不同形状的管道

3.2.2 流体源

"流体源"按钮 ┣→ 用于生成可以持续生产一种自由流动材料的流体源对象。可以在"流体源"对话框中对材料的体积流量"流出率"进行更改,单位为 L/s,如图 3-82 所示。若要生成其他材料,则在"材料"文本框中输入该材料的名称,然后找到框架中的材料表路径并选择它(材料表须含有该材料),可为其添加一个班次日程表来进行作业。

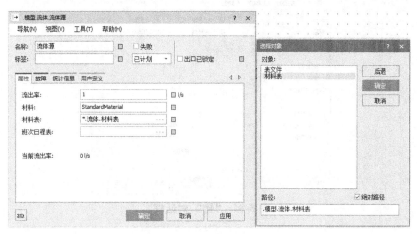

图 3-82 "流体源"对话框

3.2.3 流体排放

"流体排放"按钮 →┃ 用于生成可以移除流体源引入工厂的自由流动材料的流体排放站,可添加班次日历表。使用时只要将其与管道用连接器连接起来,即可把从管道流入的流体材料移除。"流体排放"对话框如图 3-83 所示。

图 3-83 "流体排放"对话框

3.2.4 罐

"罐"按钮 ⌀ 用于生成可以在处理之前或之后临时存储单个物料的罐对象，相当于一种缓冲器。材料可以从几个前序对象流入罐，并可以从罐流出到几个后继对象。可以在"罐"对话框中修改其体积流量"流出率"和体积（体积为存储的容量），添加班次日程表和传感器，如图 3-84 所示。

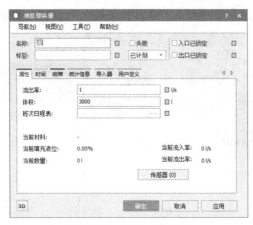

图 3-84 "罐"对话框

3.2.5 混合器

"混合器"按钮 ⌀ 用于生成通过混合将过程中的成分转化为中间产物或成品的混合器对象。这些成分可以同时从几个前序流体源或罐流入混合器。

如果在材料的稳定性中定义了产品的成分，混合器只混合已定义的成分。一旦这些成分在混合器中出现，混合器就开始搅拌混合它们。

如果没有为产品定义原料，混合器会从连接的管道中接收所有的材料，在装满后开始搅拌。在"混合器"对话框中，可修改体积流量"流出率"和"体积"，在"产品"文本框中输入混合后生成的产品名称，然后输入"产品数量"值，从"材料表"选择材料，如图 3-85 所示。

图 3-85 "混合器"对话框

在框架中添加一个事件控制器、两个流体源、两个罐、一个混合器、一个流体排放站和五条管道并连接起来，如图 3-86 所示，启动仿真，观察结果。

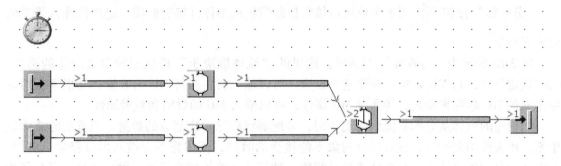

图 3-86　罐和混合器示例

3.2.6　分装器

"分装器"按钮 用于生成可以分配产生的产品并从中创建移动单元对象的分装器对象。然后可以将分装器与一个物料流对象连接起来，以进一步处理所创建的 MU。

"分装器"对话框如图 3-87 所示，利用"MU"选项找到产品的路径并选择它，则从分装器出来的即为该产品，接着定义"每个 MU 的数量"和"前趋对象的流体"。

3.2.7 分配器

"分配器"按钮 用于生成可以接收散装货物或液体并将它们按一定流量注入管道的分配器对象。

图 3-88 所示为"分配器"对话框。这里的"流体取决于"提供三种定义流体的选项：①按固定材料，每 MU 定额。对于这个设置，可以输入材料和每 MU 的数量；②根据映射表中定义的 MU 名称来命名；③通过 MU 属性，可以输入 MU 的材料和数量属性。

当创建的流体从分配器流到管道中时，分配器将删除对应部分的数量。当流出的流体被中断，由失败引起暂停，或者后继对象不能接受的时候，流体将不会被从出口释放。例如，可以使用分配器来清空一桶液体或散装货物，然后这些液体或散货被用做生产线上混合货物的原料，并被输入管道。

图 3-88 "分配器"对话框

3.2.8 材料表

"材料表"按钮 用于生成记录流体材料的信息材料表。如图 3-89 所示，刚添加到框架中的材料表只有一种材料，若需使用其他材料，则要自定义创建新的材料。在表格的

string 1	string 1 Material	real 2 Density [g/cm³]	integer 3 Color	real 4 Product Amount	string 5 Unit	string 6 Ingredient 1	real 7 Amount	string 8 Unit	string 9 Ingredient 2	real 10 Amount
1	StandardMaterial	1.000	16768582							
2										
3	材料名称	密度	颜色	成分数量		成分1	数量		成分2	数量
4										
5										

图 3-89 材料表

"Material"列输入流体材料的名称,然后输入密度值,双击颜色单元格,此时会弹出不能修改其中的内容的提示,需要单击取消上方列表栏的"继承内容"选项,如图3-90所示。然后再双击颜色单元格,在弹出的"颜色"对话框中选取所需的颜色后单击"确定"按钮,如图3-91所示。最后输入成分数量和每一成分的数量,如图3-92所示。

图 3-90 取消"继承内容"选项

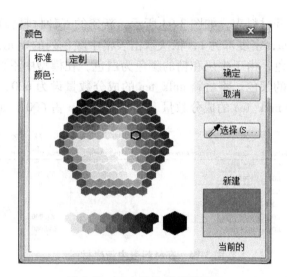

图 3-91 定义流体材料的颜色

string	string 1	real 2	integer 3	real 4	string 5	string 6	real 7	string 8	string 9	real 10	string 11
string	Material	Density [g/cm³]	Color	Product Amount	Unit	Ingredient 1	Amount	Unit	Ingredient 2	Amount	Unit
1	StandardMaterial	1.000	16768582								
2	Milk	1.000	16760992								
3	Tea	1.000	65302								
4	Milk tea	1.000	5767167								
5	material_A	1.000		4.000		Tea	2.000		Milk	2.000	
6	material_B	1.000		4.000		Milk	2.000		Tea	2.000	
7											
8											

图 3-92 自定义材料表

3.2.9 流体对象模型仿真示例

打开 Plant Simulation14.0 软件,打开"模型"文件夹中的"框架",这里创建一个加工奶茶的模型,在框架中添加一个事件控制器、三个流体源、一个物料终结站、一个材料表、七条管道、两个罐、两个混合器和一个分装器并按图 3-93 所示结构连接起来。

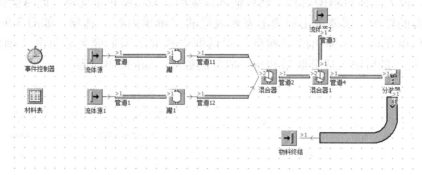

图 3-93 加工奶茶的模型结构

双击材料表图标打开材料表,如图 3-94 所示,新建的五种材料分别为 milk、tea、sugar、milk_tea 和 sugar milk_tea,密度都为 1,依次双击表格中颜色列的单元格,在弹出的"颜色"对话框中选择合适的颜色,由于牛奶和糖的颜色为白色,在模型中不好观察,因此为了方便观察这里将其设为其他的颜色。将材料 milk_tea 的成分数量设为 600,其中 milk 占 400,tea 占 200,然后设置 sugar milk_tea 的成分数量,其中 milk_tea 占 600,sugar 占 200。

	string 1	real 2	integer 3	real 4	string 5	string 6	real 7	string 8	string 9	real 10
string	Material	Density [g/cm³]	Color	Product Amount	Unit	Ingredient 1	Amount	Unit	Ingredient 2	Amount
1	StandardMaterial	1.000	16768582							
2	milk	1.000	5767167							
3	tea	1.000	65302							
4	sugar	1.000	20608							
5	milk_tea	1.000	8384	600.000		milk	400.000		tea	200.000
6	sugar milk_tea	1.000	16776960	800.000		milk_tea	600.000		sugar	200.000

图 3-94 在材料表中新建材料

在"模型"文件夹内新建一个"MUs"子文件夹,复制"MU"文件夹内的"实体"到"MUs"文件夹中并改名为"奶茶"。打开"奶茶"对话框,在"属性"选项卡中修改 MU 的大小,如图 3-95 所示。接着在"图形"选项卡中修改奶茶的颜色,如图 3-96 所示。

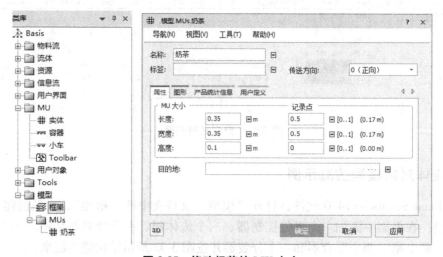

图 3-95 修改奶茶的 MU 大小

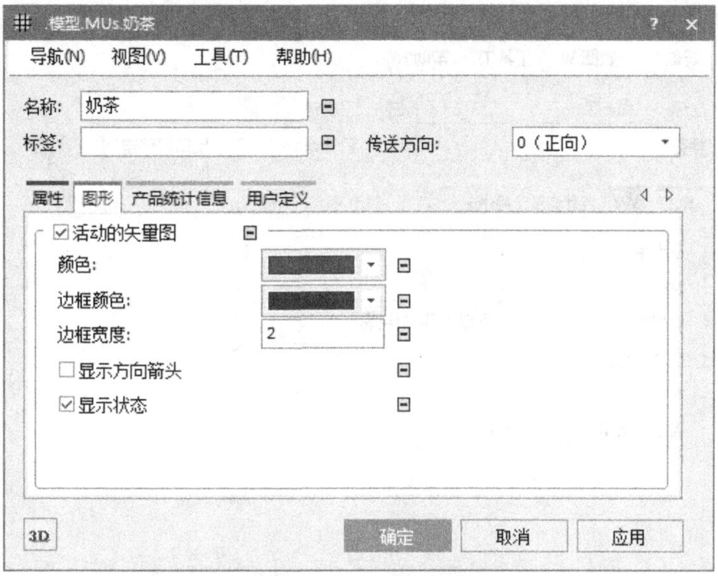

图 3-96 修改奶茶的颜色

打开"流体源"对话框,修改其材料名为"milk",目的是生成名为"milk"的流体材料,即之前材料表中新建的材料。然后打开"材料表"找到框架中材料表的路径并选择它(必须要选对材料表的路径,不然会报错,在模型中的工位需要选择材料表的都需要重新选择材料表,不然会默认为初始材料表的路径,里面不会含有新创建的材料等信息),单击"确定"按钮选择好材料表,再返回"流体源"对话框单击"确定"按钮,退出编辑,如图 3-97 所示。

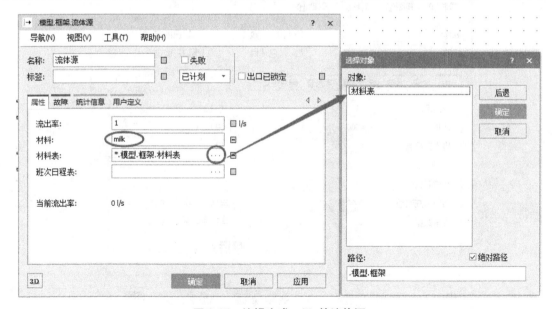

图 3-97 编辑生成 milk 的流体源

同理,打开"流体源 1"对话框,如图 3-98 所示,按照与"流体源"相同的步骤进行编辑,让其产生的流体材料为"tea"。

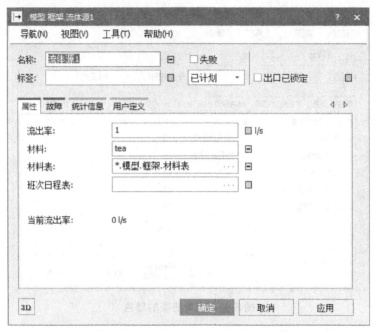

图 3-98　编辑生成 tea 的流体源 1

双击"罐"图标打开其对话框，如图 3-99 所示，修改其"体积"为"500"，即设置罐的容量为 500L。同理，将罐 1 的容量也设置为 500L。

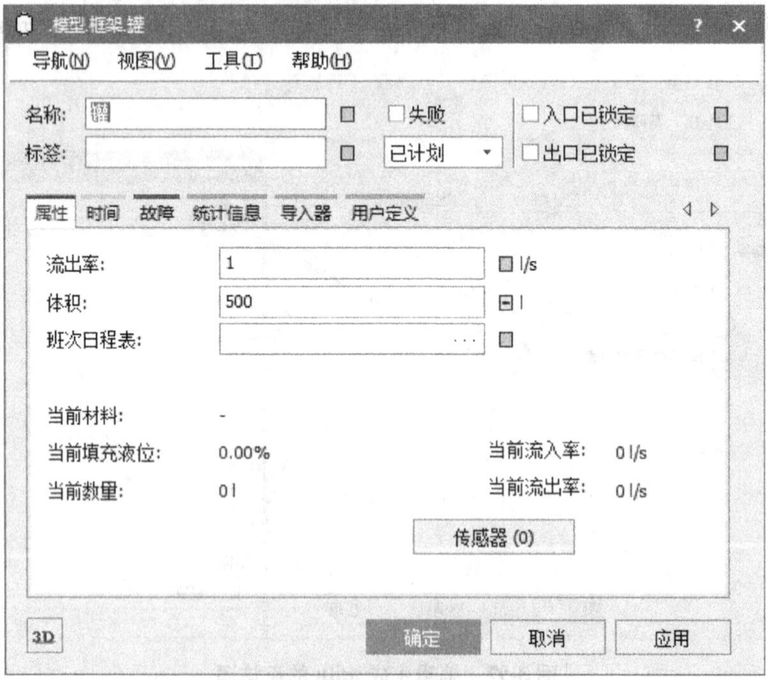

图 3-99　设置罐的容量

双击"混合器"图标打开其对话框，修改其"体积"为"600"，"产品"为"milk_tea"，打开"材料表"选择框架中的材料表添加进去，如图 3-100 所示。

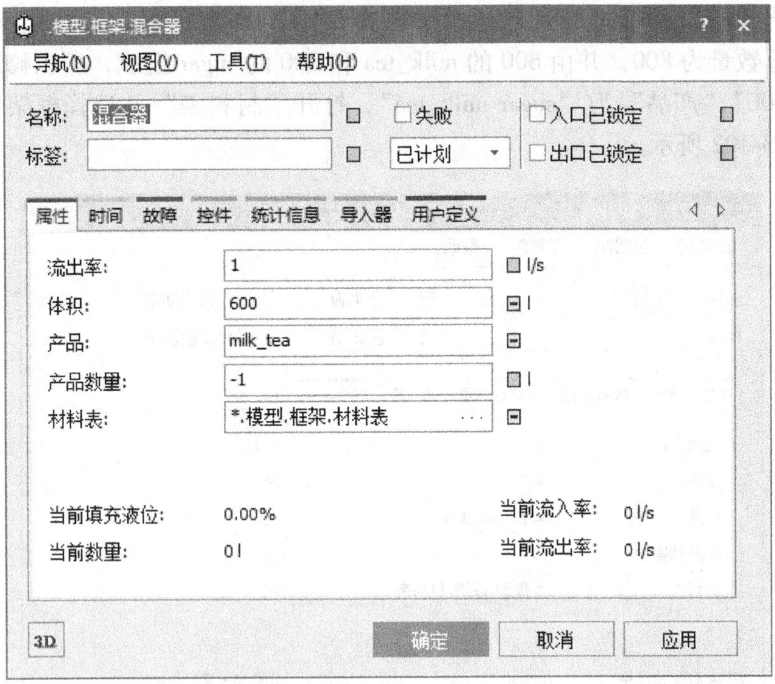

图 3-100 编辑混合器的属性

双击"流体源 2"图标打开其对话框,按照与"流体源"相同的步骤进行编辑,使其产生的流体材料为"sugar"。如图 3-101 所示。

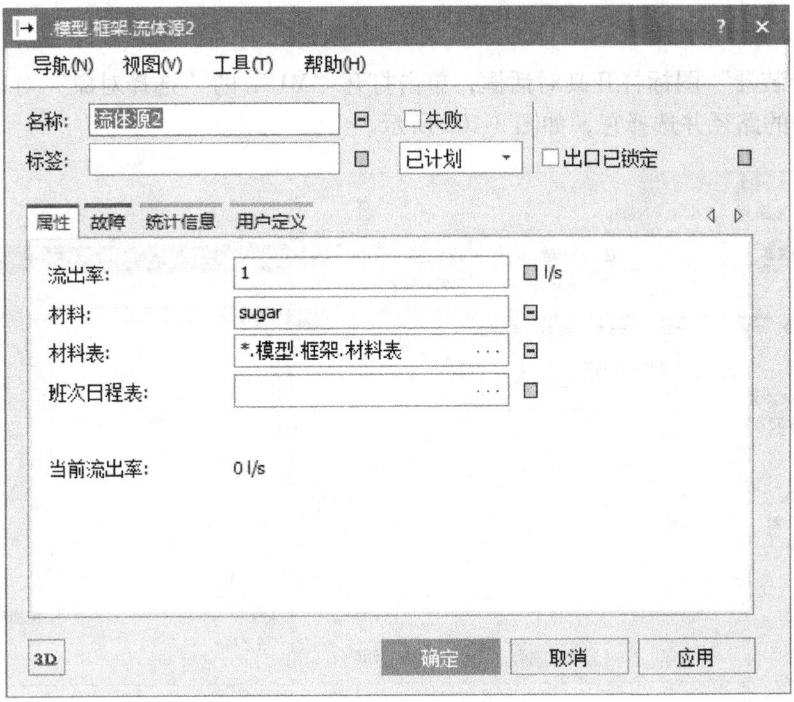

图 3-101 编辑生成 sugar 的流体源 2

双击"混合器1"图标打开其对话框。因为在图3-94所示材料表中定义了材料sugar milk_tea的成分数量为800，并由600的milk_tea和200的sugar组成，所以修改混合器1的"体积"为"800"，"产品"为"sugar milk_tea"，打开"材料表"并选择框架中的材料表添加进去，如图3-102所示。

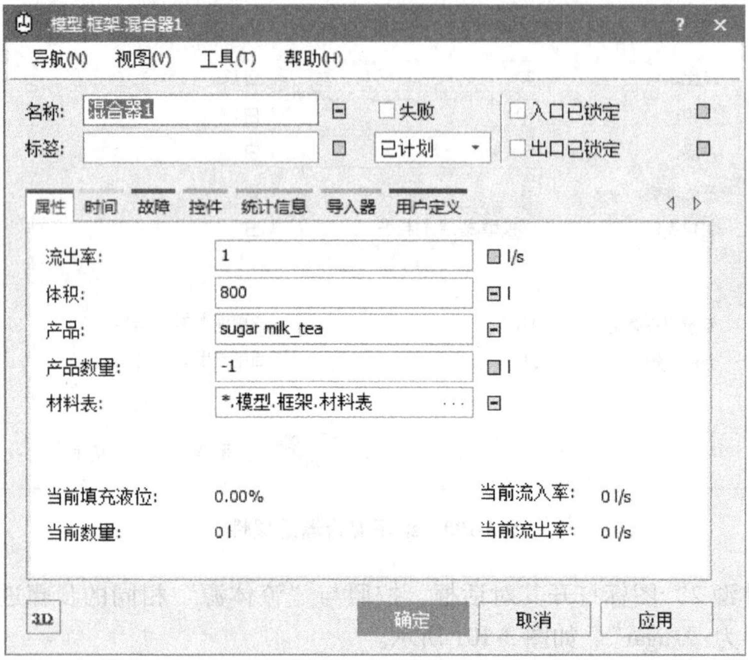

图3-102　编辑混合器1的属性

双击"分装器"图标打开其对话框，单击打开"MU"的"选择对象"对话框，找到之前新建的奶茶的路径并选择它，如图3-103所示。

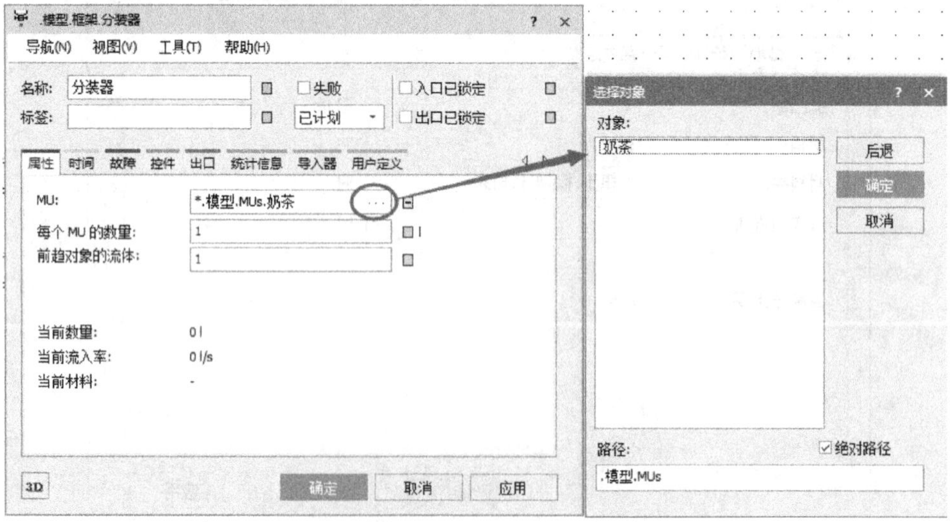

图3-103　编辑分装器的属性

启动仿真，可得到图 3-104 所示的仿真结果。

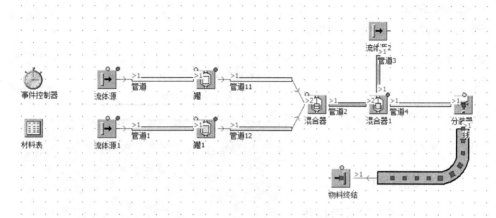

图 3-104　加工奶茶的仿真结果

3.3　资源

图 3-105 所示为"资源"工具条，下面将对部分常用对象的功能与用法进行介绍。

图 3-105　"资源"工具条

3.3.1　工作区

"工作区"按钮 用于创建工人在工件附近工作的工作区。可以将工作区分配给支持导入功能的物料流对象，如单处理工位、并行处理工位、装配站和拆卸站。

使用时将其拖到单处理工位、并行处理工位、装配站和拆卸站附近，如图 3-106 所示，则工作区自动变为该工位的一部分，在"工作区"对话框中单击"支持的服务"按钮，在弹出的对话框中写入该工作区所需的服务名称，如图 3-107 所示，再勾选"工人在完成工作后停留在此"选项。

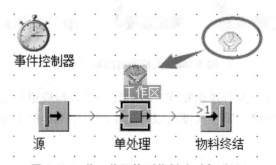

图 3-106　将工作区拖到物料流对象附近

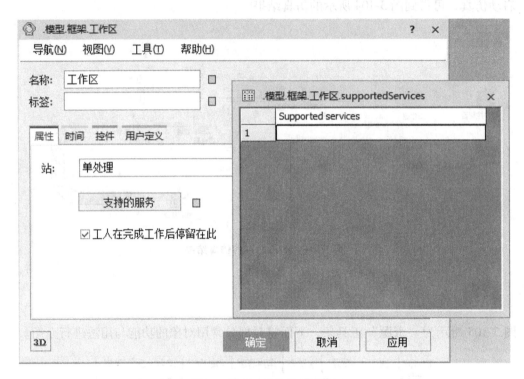

图 3-107 "工作区"对话框

3.3.2 人行通道

"人行通道"按钮 ▬▬ 用来生成模拟步行距离和方向的人行通道,如图 3-108 所示。不使用人行道时,Plant Simulation 会将工人直接运送到工作区。图 3-109 所示为"人行通道"对话框。

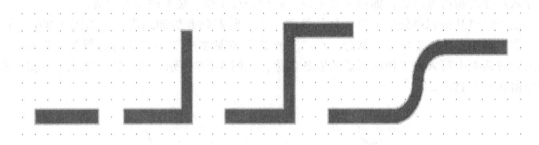

图 3-108 人行通道的不同形状

可以利用连接器将多个人行通道相连,以创建一个人行通道网络,如果工作池和工作区连接到相同的人行通道网络,则工人便可以在这个网络中从他的工作池行走到工作区,并可按最短的可能路线。

第3章 工具对象的功能与用法

图 3-109 "人行通道"对话框

3.3.3 工人池

"工人池"按钮 用于生成工厂的休息室或员工室。图 3-110 所示为"工人池"对话框。

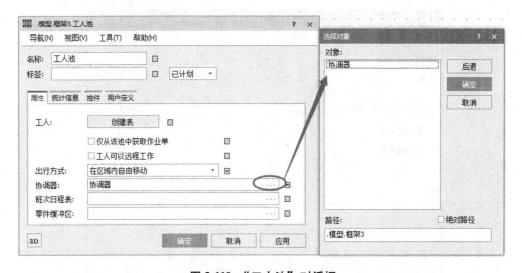

图 3-110 "工人池"对话框

单击"创建表"按钮打开创建表，如图 3-111 所示，输入所需的工人数量和支持的服务名称。然后对"协调器"选择添加到框架中的协调器，将"出行方式"选择为"在区域内自由移动"，则无需添加人行通道，工人将按工人池到工位的最短路径行走，途中会避开障碍物；若选择为"沿人行通道行走"，则需添加一条人行通道，用连接器连接起来，工人将会沿着人行通道行走到达工作区；若选择为"向工作区发送"，则无需添加人行通道，直接发送工人到工作区位置。"仅从该池中获取作业单"和"工人可以远程工作"选项则视情况勾选。

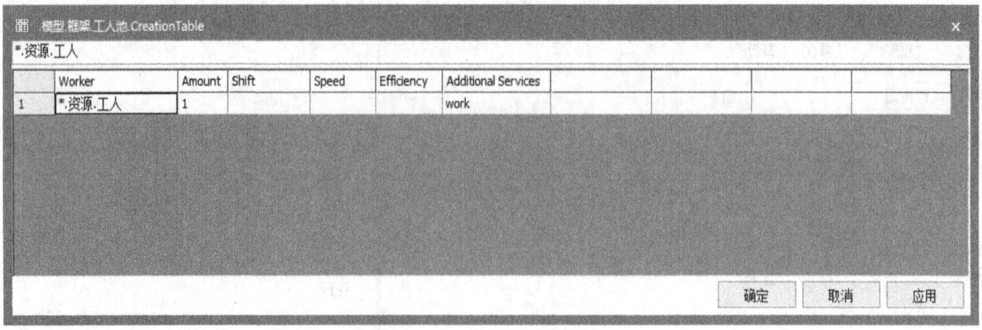

	Worker	Amount	Shift	Speed	Efficiency	Additional Services			
1	*.资源.工人	1				work			

图 3-111 定义创建表

3.3.4 协调器

"协调器"按钮 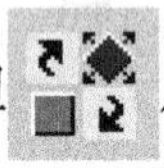 用来生成可添加到单处理工位、并行处理工位、组装站和拆卸站等工位中协调工作的协调器。

协调器是提供服务方和需要服务方的中间环节。每个协调器都可以管理多个工人池，工人池提供服务，并且可能会收到一些需要服务的物料流对象的请求。请求包括服务列表和所需服务的数量，服务名称是字符串。可以用协调器来模拟工厂的主管或车间的领班。图 3-112 所示为"协调器"对话框。

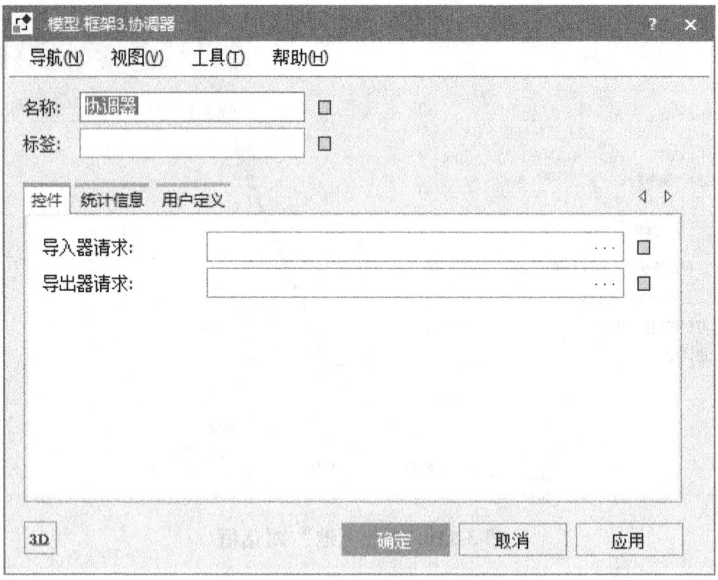

图 3-112 "协调器"对话框

一旦协调器收到来自工作区的请求，则会立即尝试利用它管理的工人池完成请求。如果协调器没有成功地做到这一点，它也可以将请求传递给与它相连接的其他协调器。连接器的方向决定了传递请求的方向。如果能够满足请求，则协调器为工人指定工作区。如果请求不能立即得到满足，接收它的协调器将首先保存该请求。然后尝试在稍后的时间点提供服务。如果一个工人池提供服务，它将保留最大可能或必要的数量。然而工人池不能再为其他服务请求提供这种保留数量的服务，因此建议先请求特殊服务，最后请求更一般的服务。

3.3.5 班次日历

"班次日历"按钮 用于生成模拟工厂中工作的不同班次的班次日历。"班次日历"对话框的"班次时间"选项卡如图3-113所示。单击"应用"按钮后编辑班次日历，在"日程表"选项卡中编辑开始时间和结束时间。编辑完成后直接将对象工位拖进班次日历中即可。

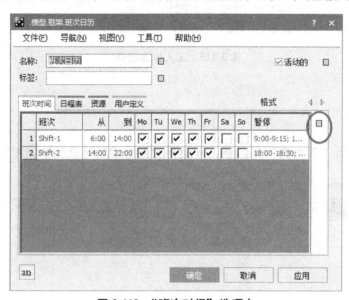

图 3-113 "班次时间"选项卡

"日程表"选项卡可以定义一个节假日，这段时间内该对象将不会进行作业，如图3-114所示。

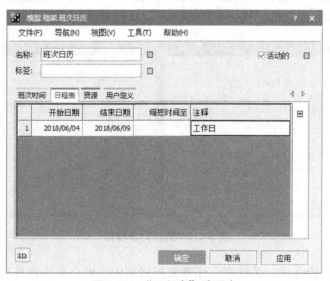

图 3-114 "日程表"选项卡

添加了班次日历的工人作业模型如图 3-115 所示。

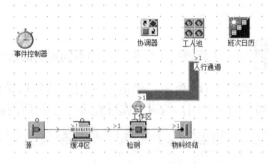

图 3-115　工人作业模型

3.4　信息流

图 3-116 所示为"信息流"工具条，下面将对部分常用对象的功能与用法进行介绍。

图 3-116　"信息流"工具条

3.4.1　方法

"方法"按钮 用于生成方法对象，用户可以编写程序来控制其他对象的启动，并在模拟运行期间执行工厂模拟，方法对象窗口如图 3-117 所示。在这里只描述方法对象本身，其采用的 SimTalk 编程语言在第 4 章讲解。

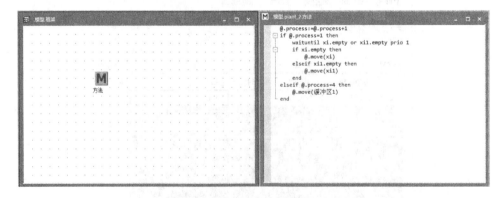

图 3-117　方法对象窗口

用户可以使用内置方法、关键字、任务和控制结构的组合来构建自己的程序，可以检查一个内置模板是否满足需要，还可以编写自己的模板供自己使用，这种编程结构结合了生产力和灵活性。通过编写自己定义的方法对象，用户可以修改对象的行为，使其完全符合自己的建模需求。

3.4.2 变量

"变量"按钮 n=1 用来生成全局变量，其可以在模拟运行期间访问。变量可以表示存储数量的项目，其数据类型有实数型、布尔型等多种，可根据实际情况选用。图3-118所示为"变量"对话框。与变量相反的是常量，其值是已知的并且不会改变。例如，可以使用它在模拟运行期间长时间存储数据、计数、分配数值等。

图3-118 "变量"对话框

3.4.3 表文件

"表文件"按钮 用来生成一个包含两列或更多列的表文件。可以通过使用它们的索引来访问单个单元格，即按照它们的行号和列号指定位置。可以将表文件与货架进行比较，单元格的内容保留在表文件中，因此表文件可以在一个范围内具有空白单元格。可以随意在模拟运行期间添加、删除行和列。

双击"表文件"图标进入到表文件中，如图3-119所示，单击表格左上角单元格即选中了表格，然后右击，在弹出菜单中选择"格式"选项打开"列表格式"对话框，"设置"

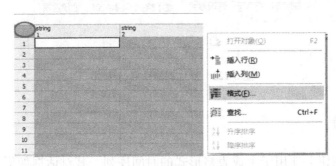

图3-119 编辑表文件格式

选项卡用于可对背景色和文字等进行编辑；"尺寸"选项卡用于定义表格的行、列数量和列宽；"数据类型"选项卡用于为每一列设置数据类型，如图 3-120、图 3-121 所示。如图 3-122 所示，可通过按钮添加列索引和行索引。

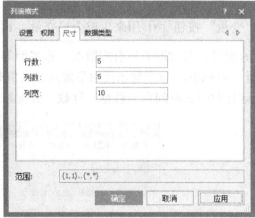

图 3-120 "设置"和"尺寸"选项卡

图 3-121 "数据类型"选项卡

图 3-122 添加列索引和行索引

3.4.4 时间序列

"时间序列"按钮 用于生成表格形式的时间序列。其对话框如图 3-123 所示，"内容"选项卡包含列 1 中的时间点和列 2 中与时间点关联的值。时间序列记录与时间相关的值,如班次计划或机器维护计划。

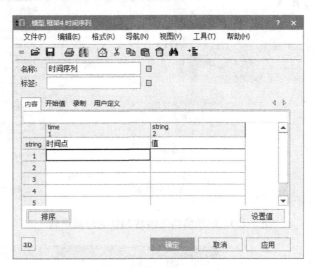

图 3-123 "时间序列"对话框

如图 3-124 所示,在框架中添加一个源、一条线、一个物料终结站、一个事件控制器和一个时间序列并连接起来,双击打开时间序列,切换到"录制"选项卡,单击打开"值"的"选择对象"对话框,在其中找到物料终结站的路径并双击它,然后在弹出的"属性和方法"列表框中找到并选中"StatNumIn"这个属性,单击"确定"按钮,如图 3-125 所示。启动仿真,一段时间后双击打开时间序列,在表格中会显示进入物料终结站的 MU 序号和时间点。

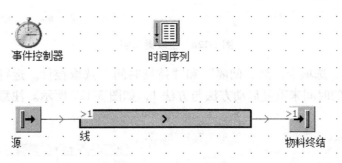

图 3-124 时间序列示例

3.4.5 生成器

"生成器"按钮 用于生成实现间隔控制的生成器,其可按规则的或统计分布的时间间隔启动方法对象。

如图 3-126 所示,在框架中添加一个生成器、两个方法对象和一个事件控制器。双击打开"生成器"对话框,分别输入"间隔"和"持续时间"的时间数值。

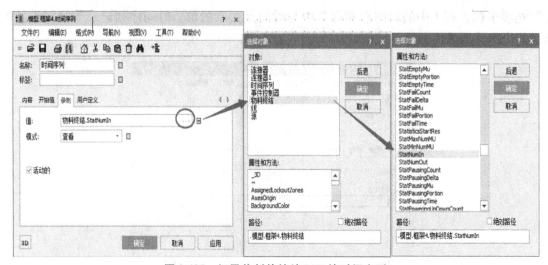

图 3-125 记录物料终结站 MU 的时间序列

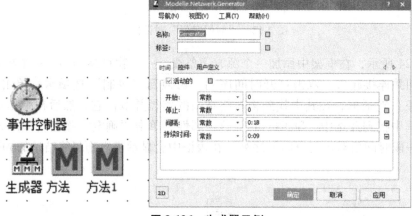

图 3-126 生成器示例

切换到"控件"选项卡,为"间隔"和"持续时间"选取控件。运行仿真,模型将会按间隔与持续时间的时间来重复启动方法与方法 1,如图 3-127 所示。注意,间隔和持续时间总是成对出现。

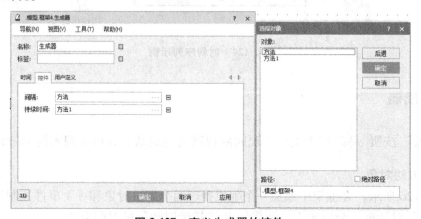

图 3-127 定义生成器的控件

3.5 用户界面

图 3-128 所示为"用户界面"工具条,下面将对部分常用对象的功能与用法进行介绍。

图 3-128 "用户界面"工具条

3.5.1 注释

"注释"按钮 用于生成注释对象,其可显示添加的模拟模型的注释。这有助于其他人更好地理解模型背后的意图以及模型如何工作。双击打开"注释"对话框,在"注释"选项卡中输入想要为该模型添加的注释,如图 3-129 所示。

若想对注释的字体进行调整,则把"将内容保存为 rich-text 格式"这个选项勾选上,然后文本框上方就会激活字体的编辑栏,编辑过程中可以撤销上一步编辑操作、更改字体的大小和颜色、修改句子在文中的位置等,如图 3-130 所示。

图 3-129 "注释"对话框

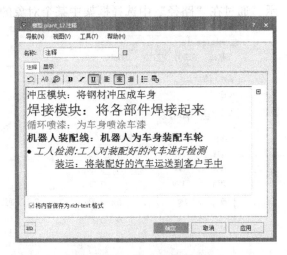

图 3-130 修改注释的字体

在"显示"选项卡则可对该注释对象显示的标签进行编辑,如图 3-131 所示。可以修改标签字体的大小和颜色,以及背景的颜色,勾选"透明"选项则会将背景隐藏。

3.5.2 显示

"显示"按钮 用于生成整个模拟运行过程中的显示对象。勾选"名称"后的"活动的"选项时,Plant Simulation 将根据模式、间隔、设置动态显示其图标。如图 3-132 所

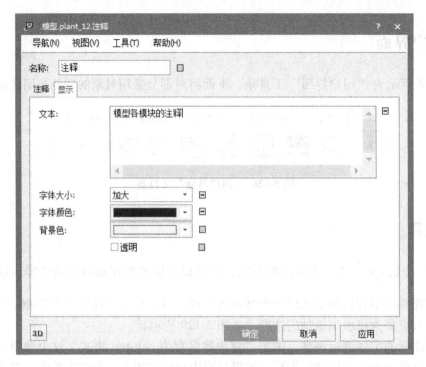

图 3-131 编辑注释对象显示的标签

示,通过在"路径"中选择框架中某个对象的属性和方法来显示这个属性和方法的数值。

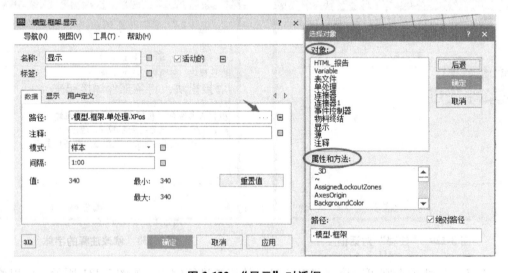

图 3-132 "显示"对话框

3.5.3 复选框

"复选框"按钮 用于在框架中插入一个复选框对象。可以使用它在打开和关闭状态之间切换,切换操作模式,在运行模式和调试模式之间切换等。图 3-133 所示为"复选框"对话框。

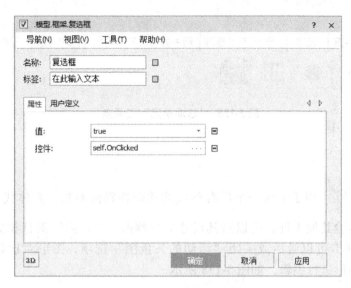

图 3-133 "复选框"对话框

3.5.4 按钮

"按钮"按钮 用于在框架中插入一个按钮对象。单击框架中的按钮，Plant Simulation 将执行用户在控件中编程的动作。如果输入该按钮的标签，框架中的按钮上将显示该标签。图 3-134 所示为"按钮"对话框。

图 3-134 "按钮"对话框

3.6 移动单元

图 3-135 所示为"移动单元"工具条，下面将对常用对象的功能与用法进行介绍。

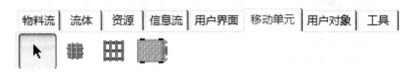

图 3-135 "移动单元"工具条

3.6.1 实体

"实体"按钮 用于生成一个没有负载的移动物料流对象，实体代表生产和运输的各种零件，但不运输其他工件，可以对其尺寸进行修改。"实体"对话框如图 3-136 所示，在其"图形"选项卡可以激活或关闭"活动的矢量图"选项，图形对比如图 3-137 所示。此外还可以对其图形进行编辑，如图 3-138 所示。

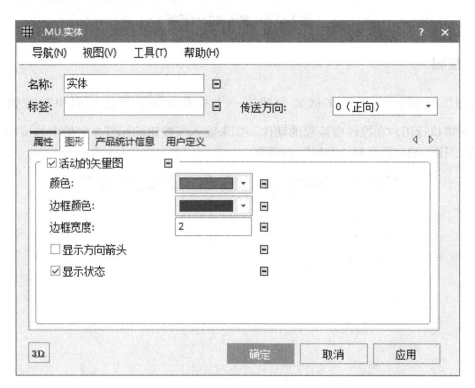

图 3-136 "实体"对话框

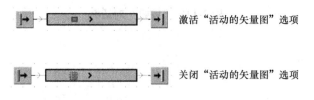

图 3-137 激活和关闭"活动的矢量图"选项的图形对比

图 3-138 编辑实体图形

3.6.2 容器

"容器"按钮 用于生成运输其他 MU 的移动物料流对象。用户可以使用它来模拟托盘、箱子等。

"容器"对话框如图 3-139 所示，可在其中对容器的 MU 大小和记录点进行修改，但不能超过允许的最大值，否则软件会报错，物料流对象等将不能接受它。可通过"X 尺寸""Y 尺寸""Z 尺寸"对容器的尺寸进行修改，三者的乘积即为该容器的容量。容器激活和关闭"活动的矢量图"选项的图形对比如图 3-140 所示。

图 3-139 "容器"对话框

3.6.3 小车

"小车"按钮 用来生成一个活跃的移动物料流对象。它是自走式的，可以在长度

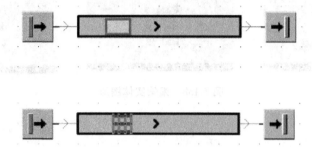

图 3-140 容器激活和关闭"活动的矢量图"选项的图形对比

方向的轨道上自行移动。它也可以装载和运输实体、容器和其他运输单元。如图 3-141 所示,可设置小车速度,当勾选"反向"选项时,它将沿着轨道向相反的方向行驶;勾选"加速度"选项时,小车将具有加速度和减速度;勾选"为车头"选项时,该小车将作为其后小车的车头,类似于火车车头;勾选"电池"选项时,小车在没电时将需要充电才能再次出发。图 3-142 所示为小车激活和关闭"活动的矢量图"选项的图形对比。

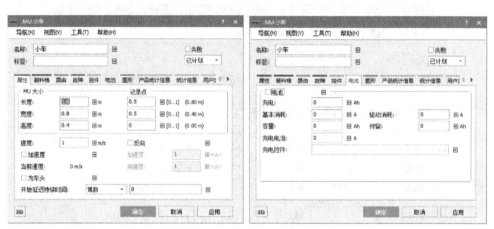

图 3-141 "小车"对话框

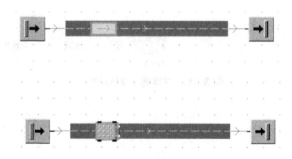

图 3-142 小车激活和关闭"活动的矢量图"选项的图形对比

3.7 工具

图 3-143 所示为"工具"工具条,下面将只对常用的实验分析器的功能与用法进行介绍。

图 3-143 "工具"工具条

"实验管理器"按钮 用于生成对模型进行实验模拟研究的工具对象。

双击"实验管理器"图标打开其编辑对话框,如图 3-144 所示。先单击"定义输出值"按钮打开相应对话框,其中的设置如图 3-145 所示,单击"应用"按钮并单击"确定"按钮。返回图 3-144 所示对话框中勾选"使用输入值"选项,再定义其输入值,如图 3-146 所示。返回图 3-144 所示对话框中单击展开"工具"下拉菜单,选择"多级实验设计"选项,在弹出的对话框中输入实验设计的数值,如图 3-147 所示。然后返回图 3-144 所示对话框中,单击"开始"按钮开始进行实验模拟仿真,待仿真结束便得到实验仿真的报表结果,如图 3-148 所示。图 3-149 所示为实验图表结果。

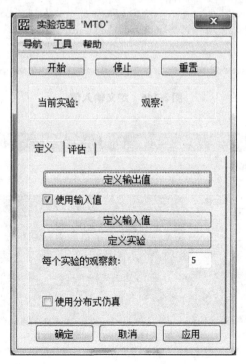

图 3-144 实验管理器编辑对话框

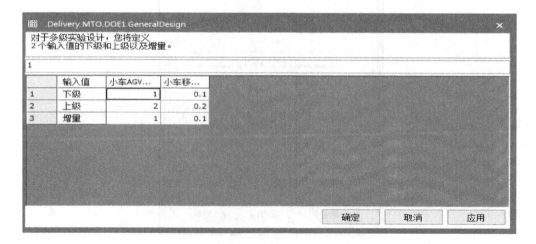

图 3-145　定义输出值

图 3-146　定义输入值

图 3-147　多级实验设计

	小车 AGV 的数量	小车移动的速度[m/s]	仿真总时间
Exp 1	1	0.1	22:56:31:0000
Exp 2	1	0.2	19:45:31:0000
Exp 3	2	0.1	19:53:01:0000
Exp 4	2	0.2	18:50:31:0000

图 3-148　实验仿真的报表结果

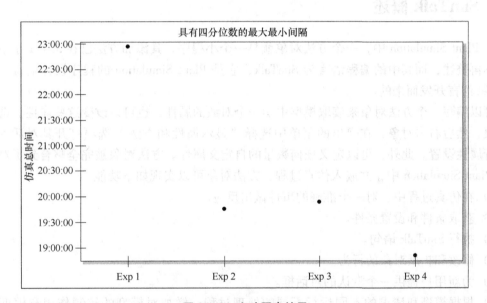

图 3-149　实验图表结果

第4章

SimTalk编程语言的功能与用法

4.1 SimTalk 概述

在 Plant Simulation 中，一个方法对象就是一个小程序，其添加方法已在 3.4.1 小节介绍过，不再赘述，而其中的编程语言为 SimTalk，它是 Plant Simulation 的程序设计语言，是基于 Eiffel 语言开发而来的。

可以编写一个方法对象来读取模型中的一个对象的属性，也可以改变这些属性。选中一个对象，然后右击对象，在弹出的菜单中选择"显示属性和方法"选项打开其对话框，进而进行属性设置。此外，可以定义任何数量的自定义属性。方法对象被完全整合到了对象导向的 Plant Simulation 中，并嵌入仿真过程，方法对象可以实现如下功能。

1) 在仿真过程中，对一个准确的事件做出反应。
2) 获取条件和设置条件。
3) 执行 SimTalk 语句。
4) 修改和扩展对象的行为。
5) 为新用户提供一个默认的对话框。
6) 根据模型和请求的不同运行不同的处理过程，增加对模型的控制作用和模型的灵活性。

方法对象的"编辑"选项卡和"工具"选项卡如图 4-1 和图 4-2 所示。

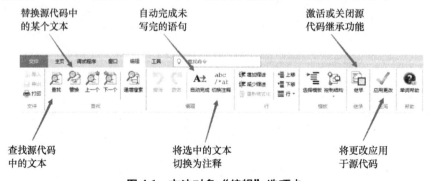

图 4-1 方法对象"编辑"选项卡

图 4-2　方法对象"工具"选项卡

4.2　SimTalk 基本语法

4.2.1　SimTalk 语法结构

SimTalk 语句包含如下结构，而并非每一个语句都需要全部结构要素，可以在编写过程中省略部分结构。

（1）参数　通过添加参数来扩展函数，以执行指定的动作。调用时必须要有与声明同样的参数才能正常触发函数。

（2）返回值的数据类型　输入返回值的数据类型。

（3）局部变量　局部变量只可以在本方法对象中被访问，必须先声明后使用。

（4）源代码　输入原始代码，如控制策略、触发语句、循环语句等。

（5）1.0 语法示例　1.0 语法例句如下。

```
--对这个方法对象的注释
(buffer: object)                --参数
: boolean                       --返回值的数据类型，布尔型
is
do                              --开始一段源代码
    if buffer.occupied then     --开始 if 语句
        buffer.cont.move;
        return true;
    else
        return false;
    end;                        --结束 if 语句
end;                            --结束方法对象编辑
```

（6）2.0 语法示例　2.0 语法例句如下。

```
--这个方法对象的注释
param buffer: object            --参数
:=boolean                       --返回值的数据类型，布尔型
                                --开始一段源代码
```

```
if buffer. occupied                    --开始 if 语句
    buffer. cont. move
    return true
else
    return false
end                                    --结束 if 语句和方法对象编辑
```

4.2.2　SimTalk 运算符

1. 运算符分类

运算符按功能的分类见表 4-1。

表 4-1　按功能分类

类型	运算符	描述
优先运算符	( )	优先进行括号内的运算
设定运算符	:=	将右侧的值赋值给左侧的变量
算术运算符	+, -, *, /, //, \\	分别表示加、减、乘、除、求商、求余
关系运算符	<, <=, ==, /=, >, >=	分别用于判断左侧的值是否小于、小于等于、等于、不等于、大于、大于等于右侧的值，返回值为"true"或"false"
逻辑运算符	not, =, /=, and, or	分别表示进行求非、等价、不等价、求和、求或的逻辑运算，返回值为"true"或"false"

运算符按参与运算的变量类型的分类见表 4-2。

表 4-2　按参与运算的变量类型分类

类型	运算符	描述	返回值类型
实数运算符	+, -, *, /, //, \\	加、减、乘、除、求商、求余	实数
	=, <, <=, ==, /=, >, >=	等于、小于、小于等于、是否等于、不等于、大于、大于等于	布尔型，"true"或"false"
字符串运算符	+	加	字符串
	=, /=, ==	等于、不等于、是否等于	布尔型，"true"或"false"
	toLower, toUpper, Copy, Omit	转换成小写字母、转换成大写字母、复制、省略	字符串
	Strlen, Pos	求字符串长度、位置	整数型

2. 运算符优先顺序

运算符优先顺序见表 4-3，对同一优先级内的运算符，按从左到右的顺序依次进行运算。

表 4-3 运算符优先顺序

优先顺序	运算符
最高级 ↓ 最低级	( )
	not
	*，/，//，\\
	+，-
	<，<=，==，/=，>，>=
	and，or
	:=

3. 资料类型转换运算符

资料类型转换运算符见表 4-4。

表 4-4 资料类型转换运算符

被转换数值类型	运算符	返回数值类别
任意	To_str(<...>)	字符串（string）
整型	Num_to_bool(<integer>)	布尔型（boolean）
布尔型	Bool_to_num(<boolean>)	实数（integer）
字符串	Str_to_num(<string>)	实数（integer）
字符串	Str_to_bool(<string>)	布尔型（boolean）
字符串	Str_to_time(<string>)	时间（Time）
字符串	Str_to_date(<string>)	日期（Date）
字符串	Str_to_datetime(<string>)	日期和时间（Datetime）
字符串	Str_to_length(<string>)	长度（Length）
字符串	Str_to_weight(<string>)	重量（Weight）
字符串	Str_to_speed(<string>)	速度（Speed）
字符串	Str_to_obj(<string>)	对象（object）

4.2.3 SimTalk 语句模板

Plant Simulation 为方法对象的 SimTalk 语句提供了模板和控制结构来提升程序设计效率，可以在菜单栏"编辑"选项卡的"模板"区域单击其按钮，如图 4-3 所示。"选择模板"对话框和控制结构如图 4-4 所示。

图 4-3 "编辑"选项卡中的"选择模板"和"控制结构"按钮

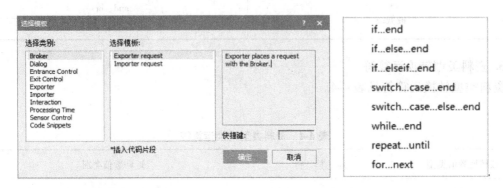

图 4-4 "选择模板"对话框和控制结构

4.2.4 SimTalk 语句注释

注释可以提升 SimTalk 语句的可读性，便于其他人员理解程序语句。单行和多行注释的编写方式分别如下。

1）输入两个短线"--"，只作用于一行的注释。

2）输入"/＊"和"＊/"来编写多行注释，以"/＊"开始，以"＊/"结束，中间的内容全部都是注释。

如图 4-5 所示，"--"后的语句即为该程序的注释。

```
repeat
    switch step      --重复执行下列步骤
    case 1   --步骤1
        portal.movehook(1) --龙门起重机吊钩长度初始值为1m
    case 2
        var motionOK:integer:=portal.moveToObject(singleproc1)    --龙门起重机移动到singleproc1的位置
    case 3
        portal.moveHookabs(1)   --吊钩伸长1m
    case 4
        singleproc1.cont.move(portal.hook)    --singleproc1的物料进到吊钩上
        waituntil portal.hook.full   --当吊钩满时,执行下一步
    case 5
        portal.moveHook(1)   --吊钩长度回到初始值1m
    case 6
        if singleproc3.empty then     --如果singleproc3为空时
            motionOK:=portal.moveToPosition(SingleProc3.xPos,SingleProc3.YPos)   --起重机移动到singleproc3的x,y的位置
        elseif singleproc4.empty then   --否则如果singleproc4为空时
            motionOK:=portal.moveToPosition(SingleProc4.xPos,SingleProc4.YPos)   --起重机移动到singleproc4的x,y的位置
        end
```

图 4-5 SimTalk 语句注释示例

4.3 方法对象调试器

当原始代码中有错误的时候，Plant Simulation 会自动运行调试器并报错，调试器也可以用来主动发现错误，以及观察方法对象的执行过程。调试器工具条功能如图 4-6 所示。

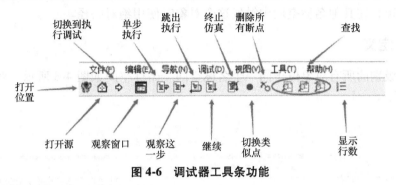

图 4-6 调试器工具条功能

设置断点后，调试器就会一步一步地执行 SimTalk 语句，以便于观察结果。设置断点的步骤如下。

1）在菜单栏"工具"选项卡中单击"调试器"按钮打开调试器。
2）将光标放置在要放置断点的那一行。
3）按键盘〈F9〉键。

当原始代码执行到放置断点的这一行时，Plant Simulation 会打开调试窗口，如图 4-7 所

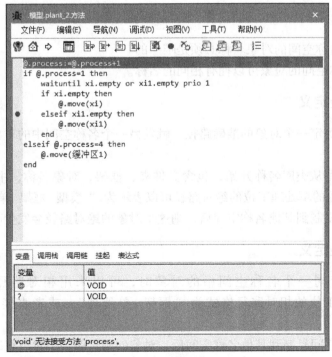

图 4-7 调试窗口

示。单击工具条上的"继续"按钮,调试器则会继续执行程序。

4.4 名称定义和路径定义

每个对象都有一个特有的路径,来与其他对象区分。在同一个名称空间中触发一个对象时使用相对路径,在其他名称空间中触发这个对象时使用绝对路径。

4.4.1 名称定义

在同一个级别的所有对象位于同一个名称空间。名称空间如图4-8所示。对象名称定义须遵循如下规则。

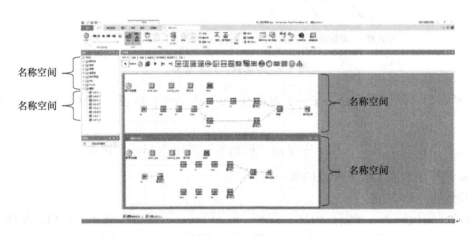

图4-8 名称空间

1)在同一个名称空间的对象名称必须是唯一的。
2)在不同名称空间的对象可以拥有相同的名称。

4.4.2 绝对路径定义

绝对路径用于确定一个对象的准确路径。触发另一个名称空间中的对象时,要求采用绝对路径来表达。

绝对路径的编写从类库名称开始,包含文件夹、框架、对象名称,中间用"."连接。例如,如图4-9所示的单处理工位的绝对路径可以表示为".模型.框架.单处理"。

当把这个对象复制到其他名称空间后,则这个对象的绝对路径会发生改变。

4.4.3 相对路径定义

触发一个位于同一个名称空间中的对象时,可以采用相对路径来表达。例如,图4-9所示单处理工位的相对路径格式为"框架.单处理",或者直接用"单处理"来表达。

当把整个名称空间复制到其他名称空间后,对象的相对路径仍然没有改变。不需要修改相对路径,简化了程序编写。

第4章　SimTalk编程语言的功能与用法

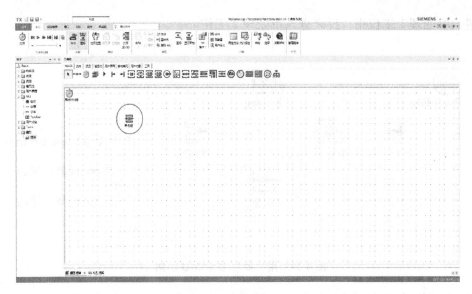

图 4-9　绝对路径示例

4.5　方法对象触发的时间调度

在模型中，每一个事件都发生在一个准确的时间，并可以用来触发一个方法对象，通过修改添加到模型中的方法名称，可得到相应的方法对象。

在事件控制器中单击相应的按钮，会触发下面相应的方法对象。

重置 ![M RESET]：当用户在事件控制器中单击"重置仿真"按钮时，Plant Simulation 将调用模型中名为"reset"的所有方法对象，并将从计划事件列表中删除所有事件，将仿真时间重置为 0，删除统计数据并清除所有失败的事件。

初始化 ![M INIT]：当重新启动模型仿真时，要执行的第一个事件总是初始化事件，Plant Simulation 将执行当前仿真模型中名为"init"的所有方法对象。

结束仿真 ![M ENDSIM]：Plant Simulation 会在仿真结束后触发所有名为"endsim"的方法对象。当所有用表格列举的仿真事件都发生后，或者到达事件控制器中设定的结束时间时，会触发该方法对象。

4.6　简化标识符

在 Plant Simulation 中，对象的路径应该是唯一的，可以使用一些简化的标识符来代替一些对象。

1. 用"@"表示 MU

在方法对象的 SimTalk 语句中，可以用"@"表示 MU。例如在单处理工位的出口位置写入图 4-10 所示程序，当单处理工位处理完 MU 后判断单处理 1 工位是否为空，如果为空，则 MU 进入单处理 1 工位中，反之进入单处理 2 工位。

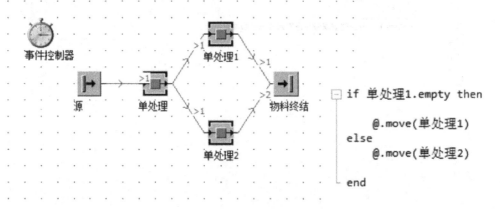

图 4-10　用 "@" 表示 MU 示例

2. 用 "self" 表示方法对象自身

简化标识符 "self" 会返回当前方法对象的路径，其有两种调用格式，结果分别如下。

self　　　　　　　　　　--返回方法对象的路径和名称
self. name　　　　　　　--只返回方法对象的名称

3. 用 "?" 表示对象

可以用简化标识符 "?" 表示物料流对象或方法对象。例如在图 4-11 所示模型中，在单处理工位的入口位置写入右图所示的程序，复制 "MU" 文件夹的实体两次并分别命名为 "c1" 和 "c2"，编辑源与源 1 生成的物料分别为 c1 和 c2，源代码中的 "?" 即表示单处理工位，当 MU 的名字为 c1 时，单处理的处理时间为 60s；反之名字为 c2 时，处理时间为 120s。

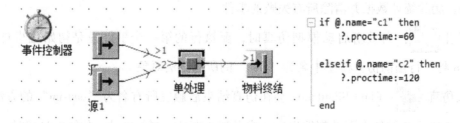

图 4-11　用 "?" 表示对象示例

4. 用 "current" 表示框架

简化标识符 "current" 返回的是这个方法对象控制对象所在的框架。

5. 用 "location" 表示路径

<对象>. location　　　　--返回对象所在的框架路径
@. location　　　　　　--返回 MU 所在对象的路径

6. 用 "root" 表示最顶层框架的路径

简化标识符 "root" 返回最顶层框架的绝对路径，示例如下。

1) 在 "模型" 文件夹添加两个框架，并分别命名为 "框架 A" 和 "框架 B"。

第4章　SimTalk编程语言的功能与用法

2）在"框架 B"文件夹中添加一个方法对象，并写入图 4-12 所示 SimTalk 代码。

```
print self.name
print self
print current
print location
print location.location
print root
```

图 4-12　用"root"表示最顶层框架的路径示例

3）打开框架 A，将框架 B 拖入到框架 A 中。
4）双击进入框架 B 中，在调试器中单步运行代码，并打开事件控制器观察变化。

4.7　入口和出口控制

可以编写一个方法对象来控制每一个物料流对象的入口和出口策略。同时，也可以在入口处和出口处设置一个控件来观察。可以给每个控件添加一个方法对象，当 MU 进入或退出时，就会触发这个方法对象。例如对于单处理工位，双击其图标打开其对话框，在"控件"选项卡中就可以添加方法对象并完成设置，如图 4-13 所示。

图 4-13　"控件"选项卡

单处理工位的入口和出口控制程序可用于 MU 处理时间不同的情况，或者用于在多个后继对象中进行选择。示例如下。

在 MU 处理时间不同时，可以右击图 4-13 所示"入口"文本框位置，在弹出菜单中选择"创建控制"选项，再勾选上"入口"文本框后的"操作前"选项，即为单处理工位创建了一个入口控制方法对象，接着只需在其中输入图 4-14 所示程序。

出口控制方法对象的创建方法与入口相同，"出口"文本框后有两个选项，"前面"表

```
if @.name="a1" then              --如果MU名字为a1
    ?.proctime:=120              --处理时间为120秒
elseif @.name="a2" then          --如果名字为a2
    ?.proctime:=60               --处理时间为60秒
end                              --结束
```

图 4-14 入口控制方法对象程序

示零件出去前执行,"后面"表示零件出去后执行,这里勾选"前面"选项,判读后继对象哪个有空的程序如图 4-15 所示。

```
waituntil 单处理2.empty or 单处理3.empty prio 1   --当单处理2和单处理3为空时,执行以下程序
    if 单处理2.empty                              --如果单处理2为空时
        @.move(单处理2)                           --物料进入到单处理2
    else    单处理3.empty
        @.move(单处理3)                           --反之进入到单处理3
    end                                          --结束
```

图 4-15 出口控制方法对象程序

4.7.1 工位控制

1. 工位的入口控制

:当 MU 完全进入这个工位时,会触发此控制策略方法对象,这种情况不考虑 MU 的长度。

2. 工位的出口前触发控制

:当 MU 即将退出这个工位时,会触发此控制策略方法对象,此时,MU 还位于这个工位上。

出口前触发控制策略方法对象有可能被多次触发,这会在 MU 无法退出这个工位时,或者没有多余后继工位接收 MU(堵塞)时发生。这是因为 Plant Simulation 会在 MU 第一次到达出口和堵塞问题得以解决以后,触发这个出口前触发控制策略方法对象。

3. 工位的出口后触发控制

:当 MU 退出一个对象后,触发此控制策略方法对象,此时,MU 在下一个工位上。

4.7.2 传送带控制

1. 传送带的入口前触发控制

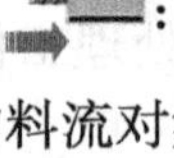

:当一个 MU 即将进入传送带(包括传送带、轨道、转换器等可以设置任意长度的物料流对象)时,触发此控制策略方法对象,此时,MU 的前部刚刚进入这个对象。传送带的入口前触发控制设置如图 4-16 所示。

第4章 SimTalk编程语言的功能与用法

图 4-16 传送带的入口前触发控制设置

2. 传送带的入口后触发控制

：当整个 MU 完全进入对象后，才触发此控制策略方法对象，此时，MU 的尾部刚刚进入这个对象。传送带的入口后触发控制设置如图 4-17 所示。

图 4-17 传送带的入口后触发控制设置

3. 传送带的出口前触发控制

：当 MU 即将退出这个对象时，触发此控制策略方法对象，此时，MU 完全在这个对象上。传送带的出口前触发控制设置如图 4-18 所示。

图 4-18　传送带的出口前触发控制设置

4. 传送带的出口后触发控制

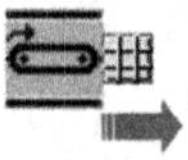

：当整个 MU 完全退出对象后，才触发此控制策略方法对象，此时，MU 位于后一个对象上。传送带的出口后触发控制设置如图 4-19 所示。

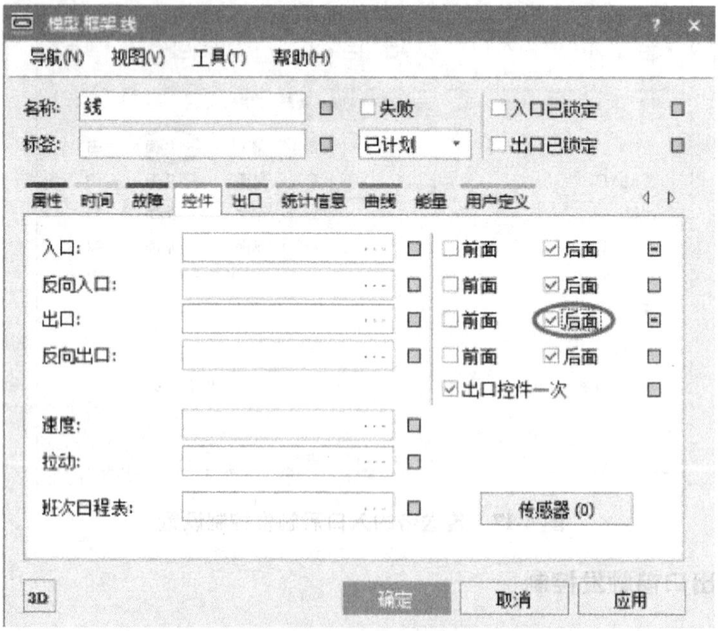

图 4-19　传送带的出口后触发控制设置

5. 传送带的反向入口和出口控制

当 MU 的运动方向和传送带的运动方向相反时，入口和出口控制都发生了改变，具体改变情况如图 4-20 所示。

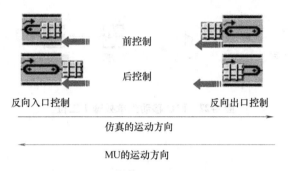

图 4-20　传送带的反向入口和出口控制

6. 传送带的传感器

在传送带上，可以在任何位置设置传感器。双击框架中的传送带图标，在弹出的"线"对话框中单击"传感器"按钮，接着在弹出的对话框中单击"新建"按钮，在弹出的"传感器"对话框中，将"长度"的数值设置为距离初始位置的距离值，或者单击"控件"处进行创建，如图 4-21 所示。

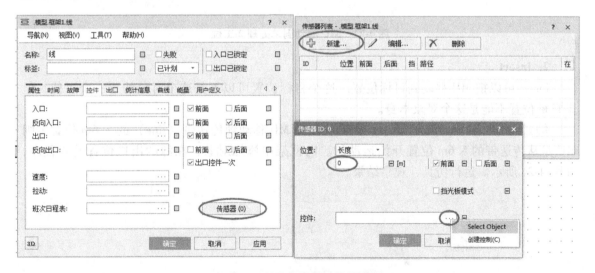

图 4-21　创建传送带上的传感器

4.7.3　移动 MU

移动 MU 的常用语句有 move、insert、transfer、succ 和 pred。

1. move

把 MU 从一个对象移动到另一个对象，后一个对象必须是前一个对象的下一个工位单元。Plant Simulation 可以以一个输入的速度把 MU 移动到目标位置。如图 4-22 和图 4-23 所示，在单处理工位的出口位置选择控件方法，MU 移动到下一工位的方法有如图所示几种方式。

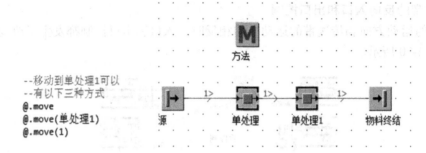

图 4-22 MU 移动到单处理 1 工位

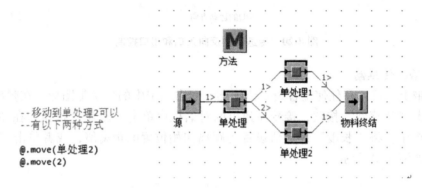

图 4-23 MU 移动到单处理 2 工位

2. insert

insert 可以把 MU 移动到目标位置。这个目标位置可以不是这个对象的下一个工位，但是目标位置不能是这个对象本身。

例如，"@.insert（line，5.6）"表示直接把 MU 移动到传送带（line）的 5.6m 位置，则 MU 是从传送带的 5.6m 位置开始运动的。向框架中添加对象，在源的出口位置输入程序，如图 4-24 所示。运行仿真，观察结果。

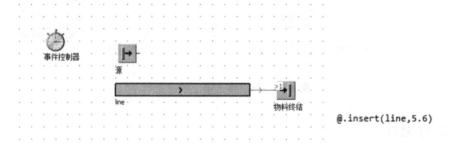

图 4-24 insert 示例

3. transfer

transfer 可以把 MU 移动到下一个物料流对象上。它把整个 MU 完全移动到目标对象上，即使是目标对象没有足够的空间来接收这个 MU。多出的 MU 会被直接舍弃。

例如,"@.transfer(track,5.6)"就是把 MU 直接移动到轨道(track)的 5.6m 位置,不管轨道的 5.6m 处是否有空间接收。

4. pred 和 succ

pred 和 succ 用来检查一个对象的前序对象和后继对象,它们有助于设置退出策略。

5. 移动 MU 综合示例

@.move(source.pred(1))   --将 MU 移动到源(source)的前序编号为 1 的对象上
@.move(?.succ(1))   --将 MU 移动到这个对象的后继编号为 1 的对象上
if source.pred(1).name = "material" then...   /*如果源(source)的前序编号为 1 的
                                                  对象名称为 material,则执行... */

在框架中添加对象,在单处理工位的出口位置添加程序,如图 4-25 所示。可将数值 2 改为 1,观察结果。

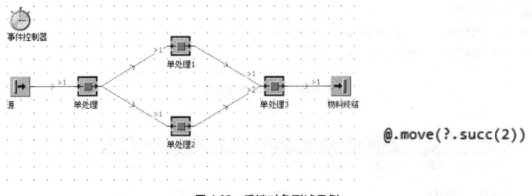

图 4-25 后继对象测试示例

4.8 属性

1. 介绍

右击模型中的对象图标,如单处理工位,在弹出的菜单中选择"显示属性和方法"选项,则可以在弹出的对话框中查看该对象的所有属性,如图 4-26 所示。

另外,可以双击对象图标打开其对话框,如图 4-27 所示,单击右上角的问号图标,然后单击"处理时间"文本框的箭头所指处,在弹出的对话框中找到"SimTalk"后的方法对象名称,这里即为"ProcTime",是处理时间的方法对象。所以若要修改对象的处理时间,则可以表示为如下语句。

<对象>.proctime:=60   --对象的处理时间为 60s

2. 赋值

可以通过设定运算符把一个值赋给一个变量,输入语句格式为<变量名>:=<值>,例句如下。

buffer.capacity:=8   --将缓冲区(buffer)的容量设置为 8
SingleProc.Pause:=true   --将单处理(SingleProc)工位工序暂停
@.currIcon:="TableTop"   --MU 当前的图标是名为"TableTop"的图标

数字化工厂仿真（上册）

图 4-26　显示属性与方法

图 4-27　处理时间的方法对象

当输入代码时，可以单击菜单栏"编辑"选项卡的"自动完成"按钮，利用其功能来缩短程序设计时间，减少出错。自动完成功能的快捷键是〈Ctrl+Space〉。由于在我国，Windows 系统对应的〈Ctrl+Space〉键盘功能是输入法切换，因此无法用此快捷键来启用自动完成功能，不过仍可以在菜单栏的"编辑"选项卡中单击"自动完成"按钮来实现。

4.9 条件陈述句

1. if then 语句

if then 语句结构如图 4-28 所示。使用 if 语句来执行一个条件判断语句。如果条件判断结果为 true，则执行语句 1；如果条件判断结果为 false，则执行语句 2。例句如下。

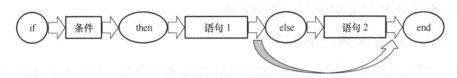

图 4-28　if then 语句结构

```
if　Singleproc.empty　then         --如果单处理（Singleproc）工位为空
    @.move（Singleproc）           --则 MU 进入到单处理工位
else                               --否则
    @.move（buffer）               --MU 进入到缓冲器（buffer）工位
    end                            --结束程序
```

2. if then elseif 语句

if then elseif 语句可以使方法对象处理多个不同的条件，例句如下。

```
if　　@.name="a1"　　then         --如果 MU 名称为 a1
    @.move（Singleproc）           --则 MU 进入到单处理（Singleproc）工位
elseif　@.name="a2"　　then        --如果 MU 名称为 a2
    @.move（Singleproc1）          --则 MU 进入到单处理 1 工位
else                                --否则
    @.move（Singleproc2）          --MU 进入到单处理 2 工位
    end                             --结束程序
```

3. waituntil　prio 语句

waituntil　prio 语句可以使方法对象在满足条件时才执行，否则不执行。例句如下。

```
waituntil　Singleproc.empty prio 1   --当单处理（Singleproc）工位为空时，执行如下程序
    @.move（Singleproc）              --MU 移动到单处理工位
```

可将条件陈述句结合起来，例如如下。

```
waituntil　Singleproc.empty or Singleproc1.empty or Singleproc2.empty prio 1
/*当单处理工位或单处理 1 工位或单处理 2 工位为空时，执行如下程序*/
if　　@.name="a 1"　　then         --如果 MU 名称为 a1
    @.move（Singleproc）            --则 MU 进入到单处理工位
```

```
    elseif  @.name="a2"     then        --如果 MU 名称为 a2
        @.move（Singleproc1）           --则 MU 进入到单处理 1 工位
    else                                --否则
        @.move（Singleproc2）           --MU 进入到单处理 2 工位
    end                                 --结束程序
```

4.10 表文件的访问

表文件是一个拥有多行多列的表格，可以修改其中的内容和数据类型。如需编辑表文件，则必须先在菜单栏取消勾选"继承内容"选项。第 3 章已经讲过如何编辑表格的属性，下面介绍用 SimTalk 语句编写访问表文件的方法。

4.10.1 用行和列序号访问单元格

用行和列序号访问单元格时，方法对象先访问表文件中的列，再访问行。例句如下。

```
print tablefile［1，2］              --打印表文件中第 2 行第 1 列单元格的内容
tablefile［1，3］：="good"          --给表文件的第 3 行第 1 列单元格写入"good"
tablefile［2，3］：=180             --给表文件的第 3 行第 2 列单元格写入 180
<对象>.proctime：=tablefile［2，1］  /*将表文件中第 1 行第 2 列单元格的内容赋值给
                                     对象的处理时间*/
```

在框架中添加对象，在方法对象中写入代码，编辑表文件内容，如图 4-29 所示。打开调试器和事件控制器，逐步运行代码，观察事件控制器的数值，运行结束后，得到图 4-30 所示表文件。

事件控制器

方法

单处理

tablefile

```
print tablefile[1,2]
tablefile[3,3]:="good"
tablefile[1,4]:=180
单处理.proctime:=tablefile[2,1]
```

	integer 1	integer 2	string 3
1	1	2	
2	3	4	
3	5	6	
4			
5			

图 4-29　用行和列序号访问单元格示例

	integer 1	integer 2	string 3
1	1	2	
2	3	4	
3	5	6	good
4	180		
5			

图 4-30　用行和列序号访问单元格结果

4.10.2　用行和列名称访问单元格

可以行和列名称来访问表文件中的某个单元格。对图 4-31 所示表文件，用行和列名称访问单元格的例句如下。

<对象>.procTime:=TableFile ["time","partA"]　　/*将表文件中 part A 行 time 列对应的单元格内容赋值给对象的处理时间*/

	string 1	string 2	time 3
string			
1	partA	grinding	2:00.0000
2	partB	cutting tosize	5:00.0000
3			
4			

图 4-31　用行和列名称访问单元格示例

4.10.3　其他与表文件相关的 SimTalk 语法

　　<表文件名>.setCursor（1,1）　　--将光标移动到第 1 行第 1 列的单元格
　　<表文件名>.find（{1,1}...{*,*},<值>）--在 {1,1} 到 {*,*} 范围内寻找指定的值
　　<表文件名>.CursorX　　--将光标移动到指定的第 X 列
　　<表文件名>.CursorY　　--将光标移动到指定的第 Y 行
　　<表文件名>.xDim　　--返回最新的行
　　<表文件名>.yDim　　--返回最新的行
　　<表文件名>.sort（3,"up"）　　--将第 3 列值按升序排列
　　<表文件名>.meanValue（[1,*]　--返回单元格值，只限于数据类型为整型或实数型
　　<表文件名>.delete（{1,1}...{1,5}）　--把 {1,1} 到 {1,5} 范围内的单元格内容删除

4.11 循环语句

1. for loop 循环

for loop 循环语句结构如图 4-32 所示。for loop 循环是在开始值和结束值之间运行的。循环的变量数据类型必须是整型，当执行完一次循环后，会自动给变量加 1（或减 1），循环会一直执行下去，直到变量达到结束值才结束循环。例句如下。

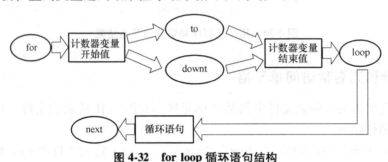

图 4-32　for loop 循环语句结构

```
var i：integer
for  i：=1 to 10   loop
    print i
next
for  i：=10 downto 1 loop
    print i
next
```

2. repeat until 循环

repeat until 循环语句结构如图 4-33 所示。Plant Simulation 至少会执行 repeat until 循环一次，直到条件判断结果为 true 才退出循环。如果条件判断结果一直为 false，则会一直执行下去，形成闭环。例句如下。

图 4-33　repeat until 循环语句结构

```
var i：integer
i：=0
repeat
    print 1
    i：=i+1
until i>10
```

3. while 循环

while 循环语句结构如图 4-34 所示。Plant Simulation 执行 while 循环，直到条件判断结果为 false 才退出循环，循环一次判断一次。例句如下。

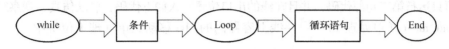

图 4-34 while 循环语句结构

```
var i: integer
i: = 0
while i<10 loop
    print i
    i: = i+1
end
```

4.12 一些常用语法

4.12.1 访问容器内的 MU

1. 语法

1) 如果要移动当前对象上的 MU 到下一个物料流对象上, 使用如下语句。

<物料流对象>.cont;　　　　　--表示物料流对象上的 MU

@.move（下一个物料流对象）;　--当前对象上的 MU 移动到下一个物料流对象上

这个方法对象返回的是下一个即将退出对象的 MU, 即使这个 MU 是容器, 容器内包含 MU, 也会返回整个容器和 MU。

2) 如果要将 MU 移动到一个对象上的容器内时, 使用如下语句。

@.move（下一个物料流对象.cont）;

3) 如果只要移动一个对象上的容器内的 MU, 则可以使用如下语句。

@.cont.move（下一个物料流对象）; /* 当前对象上的容器内的 MU 移动到下一个物料流对象上 */

以上这些语句同样适用于将一个容器移动到另一个容器内。

2. 综合示例

如图 4-35 所示, 在框架中添加两个源、两个单处理工位、一个物料终结站、一条线和一个事件控制器并连接起来。编辑源 1 生成的物料为容器, 数量为 1, 源的物料数量也改为 1。设置单处理工位的处理时间为 1s, 然后在单处理工位的出口位置创建一个方法对象, 写入如下源代码。

@.move（单处理 1）　　　--单处理工位的 MU 移动到单处理工位 1

单处理.cont.move（单处理 1）--单处理工位上的容器内的 MU 移动到单处理工位 1

@.move（线.cont）　　　--单处理工位的 MU 移动到线上的容器内

接着依次进行如下操作。

1) 先将后面两句源代码设为注释, 只运行第一句, 启动仿真, 观察结果。

2) 然后将第一句和第三句源代码设为注释, 只运行第二句, 启动仿真, 观察结果。

3）再只运行第三句源代码，并且在线的出口位置写入如下代码，启动仿真，观察结果。
@.cont.move（单处理1）　　--线上容器内的MU移动到单处理工位1中

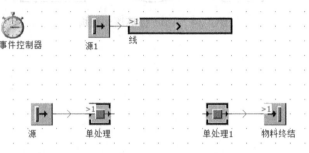

图4-35　访问容器内的MU综合示例

4.12.2　访问物料流对象的内容

在访问一个物料流对象上的内容时，要先确定对象上有内容（MU）。可以使用一个状态查询方法对象来查询对象的状态。当对象处于想要的状态，会返回true，当不处于这个状态，会返回false。

  <对象>.empty　　　　　　　/*当没有MU位于这个对象上时，会返回true，当有MU在对象上时，会返回false*/

  <对象>.full　　　　　　　　/*当缓冲器（buffer）或并行处理（parallelproc）工位的所有容量都被占用了，会返回true，当没有被占满时，会返回false*/

  <对象>.occupied　　　　　　/*当至少有一个MU位于对象上，会返回true，当没有MU位于对象上时，会返回false*/

  <对象>[2,1].occupied　　　/*当有MU位于对象矩阵中的[2,1]的位置，会返回true，要求坐标轴必须是整数*/

  <对象>.cont.finished　　　　/*当MU已经完成处理时间，即将退出对象时，返回true*/

  <对象>.ready　　　　　　　/*当对象被占用，并且有一个MU即将退出对象时，会返回true。与occupied、cont.finished搭配使用*/

4.13　触发方法对象

1. 触发器触发

可以用触发器触发方法对象，可以在图3-116所示"信息流"工具条中找到"触发器"按钮，将其拖入到框架中完成添加，其对话框如图4-36所示，可以在"值"选项卡中选择触发类型并设置数值。

在仿真过程中，触发器会根据定义的样式来改变属性和全局变量的值，也可以根据在"操作"选项卡中设置的触发器属性和方法对象来触发，执行动作，如图4-37所示。

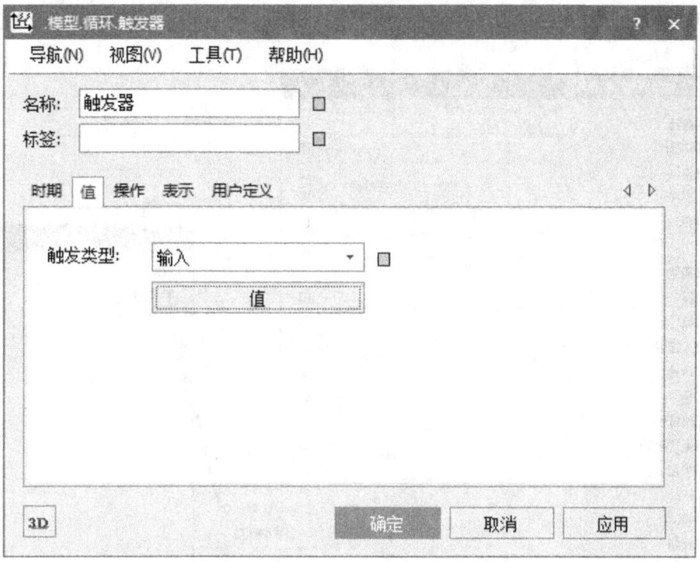

第4章　SimTalk编程语言的功能与用法

图 4-36　"触发器"对话框

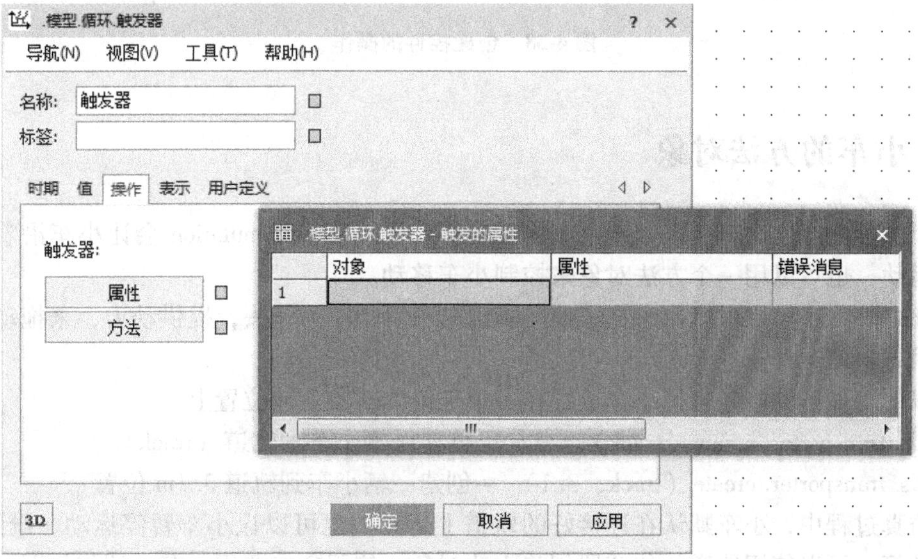

图 4-37　触发器属性设置

在触发器中，每个时间点都对应着一个变量的值，可以使用单个或多个时间序列来指定变量的值。因此，使用触发器来控制事件时，事件总是在一个准确的时间点上发生；使用触发器来触发方法对象时，触发器会给方法对象两个值：通过触发器的最新值和当前时间点对应的值。

2. 控件触发

选择物料流对象，如单处理工位，在菜单栏的"主页"选项卡中，单击"对象"模块中的"控件"按钮 控件，打开"单处理"框架控制对话框。然后在相应位置选择或创建一个方法对象，当发生该事件时运行该方法对象。例如，创建一个失败事件控件的操作如图 4-38 所示。

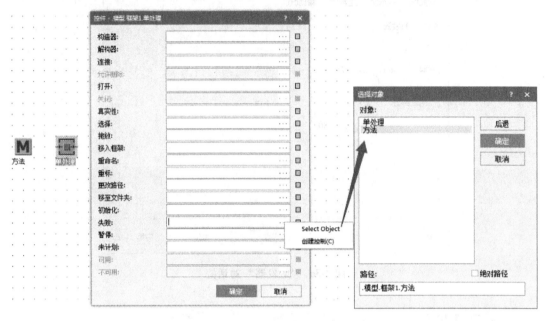

图 4-38　创建控件的操作

4.14　小车的方法对象

一个源可以产生小车，就像产生实体和容器一样。Plant Simulation 会让小车沿着连接好的线路运动，也可以用一个方法对象来控制小车移动。

除此之外，小车也可以作为拖车使用，以第一辆小车为车头，提供动力，来拖动后面的小车，沿着轨道运动。

可以使用如下的语句来把小车放置在一个准确的对象上或位置上。

．MUs．transporter．create（track）　　　--创建一辆小车到轨道（track）上
．MUs．transporter．create（track，3.1）　--创建一辆小车到轨道 3.1m 位置

在仿真过程中，小车默认在连接好的轨道上运动。也可以让小车暂停运动、继续运动、往回运动等。可以使用轨道的传感器创建方法对象、使用@ 来调用小车，例句如下。

@．stop；　　　　　　　　　　　　--小车到这个传感器位置停下来
@．continue；　　　　　　　　　　--使停下的小车继续前进
@．backwards：=true；　　　　　　--使小车掉头行驶
track．cont．stop　　　　　　　　--轨道上的 MU（即小车）都停止
@．targetposition：=5　　　　　　--使小车移动到该轨道 5m 的位置

如图 4-39 所示，在框架中添加一个事件控制器、一条长度为 20m 的轨道、一个源、一个物料终结站、"reset" 方法对象和 "init" 方法对象，在轨道上 5m 和 15m 的位置各创建一个传感器。

在类库的 "MU" 文件夹中，右击 "小车"，在弹出的菜单中选择 "复制" 选项，则会

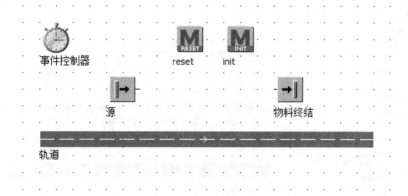

图 4-39　小车的方法对象示例

在该文件夹中生成"小车 1"。同理再复制一个容器和一个实体,得到"容器 1"和"实体 1"。然后右击"模型"文件夹,在弹出的菜单中选择"新建"选项,新建一个文件夹并命名为"MUs",如图 4-40 所示。

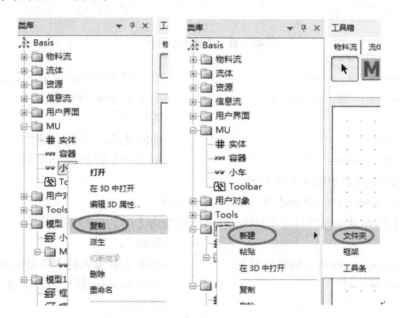

图 4-40　新建小车、容器、实体和文件夹

按住〈Shift〉键将新建的"小车 1""容器 1""实体 1"拖入到"MUs"文件夹中并分别命名为"AGV""料框""物料",双击打开"AGV"对话框,在"用户定义"选项卡中新建一个"process"属性,数据类型选择为"integer"(实数型),初始值设为 0,如图 4-41 所示。

在 5m 处的传感器中输入如下代码。
　　@.stop　　　　　　　　　　　　　　　　--使小车停下来,这里@表示小车
waituntil @.cont.empty and @.process=0　prio 1
--当小车上的容器为空和 process 属性的值为 0 时,执行如下程序

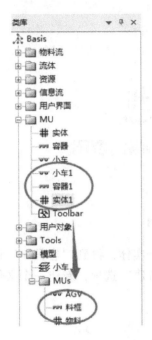

图 4-41 设置小车属性

源.cont.move（@.cont）　　　　　　--源上的 MU 移动到小车上的容器内
　　@.process:=@.process+1　　　　--小车 process 属性值加 1
wait 5　　　　　　　　　　　　　　--等候 5s
　　@.continue　　　　　　　　　　--使停止的小车开始行驶
　　@.targetposition:=15　　　　　--定义小车移动到 15m 处

向 15m 处的传感器中输入如下代码。
waituntil @.cont.occupied and @.process=1　prio 1
--当小车上的容器不为空且小车的 process 属性值为 1 时，执行如下程序
wait 2　　　　　　　　　　　　　　--等候 2s
　　@.cont.cont.move（物料终结）　--小车上容器内的 MU 移动到物料终结站
　　@.process:=0　　　　　　　　　--小车 process 属性值设为 0
wait 2　　　　　　　　　　　　　　--等候 2s
　　@.backwards:=true　　　　　　--小车反向行驶
　　@.targetposition:=5　　　　　--定义小车目的地为 5m 处
wait 10　　　　　　　　　　　　　--等候 10s
　　@.backwards:=false　　　　　--停止小车的反向行驶

在 "reset" 方法对象中写入如下代码，重置模型时将会运行这个方法对象，作用是初始化仿真使用的小车的属性。
　.模型.MUs.AGV.process:=0　　　　--将小车的 process 属性值设为 0
　.模型.MUs.AGV.backwards:=false　--停止小车的反向行驶
在 "init" 方法对象中写入如下代码，启动模型仿真时将会运行这方法对象。
　.模型.MUs.AGV.create（轨道，5）--将在轨道 5m 的位置创建一辆小车

．模型．MUs．料框．create（轨道．cont）　　　--在小车上创建一个料框

单击事件控制器的"启动仿真"按钮，观察仿真结果。

4.15　定义复选框和按钮

在框架中添加一个复选框对象，打开其对话框如图 4-42 所示，在"控件"处创建一个新的控件，写入如下程序即可创建一个能够开始和停止实时仿真的按钮。

图 4-42　定义复选框控件

```
if ? . Value
    root. EventController. Realtime：= true
else
    root. EventController. Realtime：= false
end
```

在框架中添加一个按钮对象，打开其对话框如图 4-43 所示，在"控件"处创建一个新的控件。写入如下程序，即可创建一个在模型仿真的过程中能够启动和停止模型仿真的按钮。

```
if root. EventController. IsRunning
    root. EventController. stop
else
    root. EventController. start
end
```

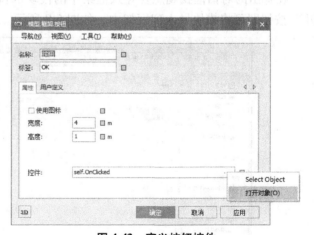

图 4-43　定义按钮控件

第 5 章

图形的功能与用法

5.1 导入导出图形

5.1.1 导入图形

在用 Plant Simulation 创建 3D 仿真模型的过程中，需要将模块导入到框架中，这时候就要用到导入图形这个功能。在菜单栏的"编辑"选项卡中单击"导入图形"按钮，如图 5-1 所示。

图 5-1 "导入图形"按钮

在弹出的对话框找到想要导入框架中的模块的位置，然后选中模块文件，"单击""打开"按钮即可将模块导入到框架中，如图 5-2 所示。

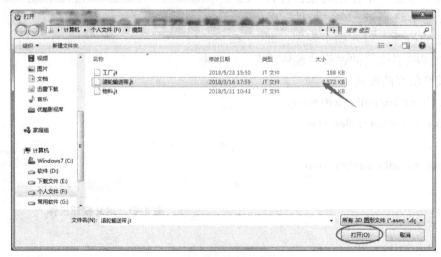

图 5-2 模块所在位置

第5章 图形的功能与用法

此时，导入的模块以图形显示在框架中，并跟着鼠标移动，拖动鼠标将模块图形移动到相应的位置，然后单击鼠标左键，这时会弹出图 5-3 所示"插入图形"对话框，选择插入图形的"坐标系方向"和"目标图形组"选项。一般选择"deco（内部）"选项，选择"default（外部，不可见）"选项的话会隐藏图形结构，若要显示，则需单击菜单栏"视图"选项卡的"外部图形组"按钮 外部图形组。导入的图形如图 5-4 所示。

图 5-3 "插入图形"对话框

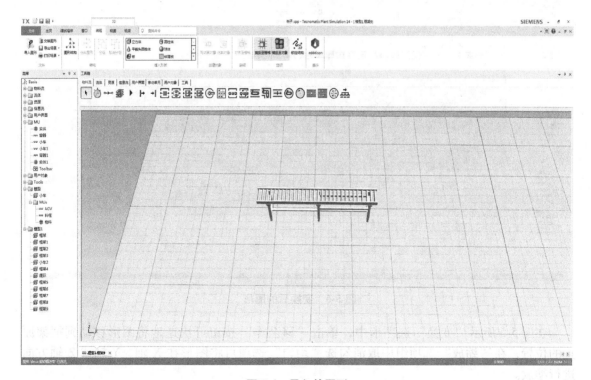

图 5-4 导入的图形

刚导入的图形有可能会偏离框架平面一段距离，在建模中不能正常使用，这时就需要对其位置进行重新定义。双击导入的图形，在弹出的对话框的"变换"选项组中共有四个选项组,"位置"选项组用于改变导入图形的位置,"旋转"选项组用于将图形转到某个角度,"镜像"选项组用于得到当前图形的镜像图形,"缩放"选项组用于改变当前图形的大小。修改其中的一些数值并单击"应用"按钮,如图 5-5 所示。变换后的图形如图 5-6 所示。

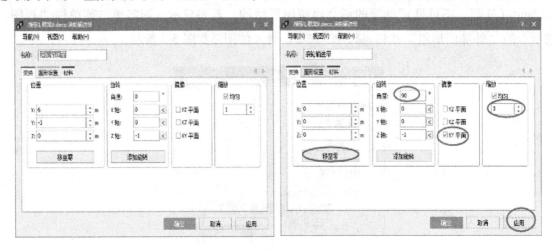

图 5-5 编辑"变换"选项卡属性

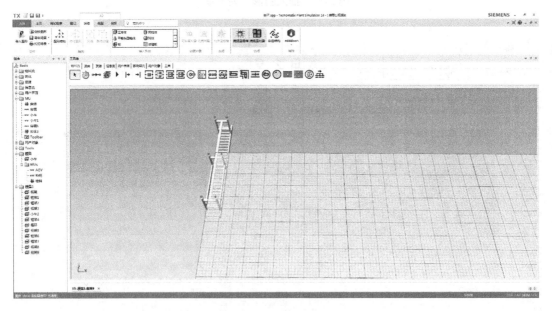

图 5-6 变换后的图形

在图 5-5 所示"变换"选项卡中,单击"移至零"按钮可快速地将图形移动到框架原点的位置,在"缩放"选项组中取消勾选"均匀"选项可将图形在 X 轴、Y 轴或 Z 轴方向进行缩放。

5.1.2 导出图形

在建立仿真模型的过程中,有时需要将当前框架中的图形导出,则可用导出图形功能实现。单击菜单栏"编辑"选项卡的"导入图形"右侧的"导出图形"按钮，弹出的下拉列表包含"导出图形""导出对象""导出位图"三个选项。导出图形就是将当前框架中的图形导出，以便在以后建模的时候直接导入使用，无需再繁琐地编辑其位置到最佳点，如图5-7所示；导出对象就是将该图形导成s3d格式文件，用于对工具对象进行图形的交换（后面会介绍图形的交换）；导出位图就是将当前框架的视图导出为图片的形式，可在Windows照片查看器中查看，如图5-8所示。

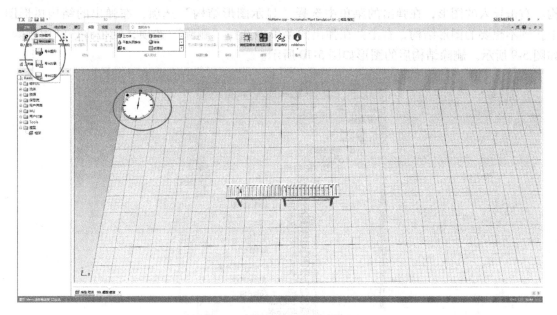

图 5-7 将框架中的图形导出

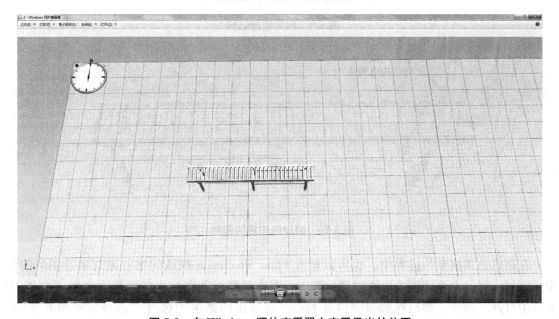

图 5-8 在 Windows 照片查看器中查看导出的位图

5.2 改变对象的图形

5.2.1 删改图形的结构

将图形导入到框架中,当不想要图形中的某一部分时,就需要删除图形中的这部分结构。右击导入的图形,在弹出的菜单中选择"显示图形结构"选项,在弹出的结构树形图中找到不想要的图形结构,右击并在弹出的菜单中选择"删除"选项,则可将该结构删除,如图 5-9 所示。删除结构后的图形如图 5-10 所示。

图 5-9 删除图形结构

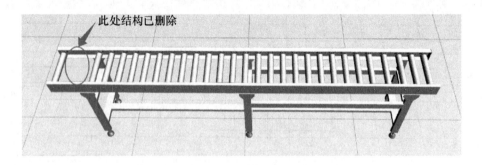

图 5-10 删除结构后的图形

在创建仿真模型的过程中,也可以删改 Plant Simulation 默认的物料流对象等图形的结构。例如,将一个单处理工位添加到框架中,右击其图标并在弹出的菜单中选择"在新 3D 窗口中打开"选项,然后在框架空白处右击,在弹出的菜单中选择"选择显示图形结构"选项,在弹出的结构树形图中选择要删除的结构,如图 5-11 所示。

第5章 图形的功能与用法

图 5-11 单处理工位的结构树形图

5.2.2 交换对象的图形

Plant Simulation 自带一些工厂建模常用的图形，使用时可通过交换图形功能进行适当修改。例如，在框架中添加一个单处理工位，右击其图标并在弹出的菜单中选择"交换图形"选项，在打开的文件夹中选择一个文件，单击"打开"按钮，如图 5-12 所示，即可将框架中的单处理工位变换成所选文件中的图形。可以找到"交换图形"命令打开的文件夹，并对其中的图形文件用中文重命名，以便快速找到所需图形。同理，机器人工位也可变换成比较复杂的机器人图形，如图 5-13 所示。

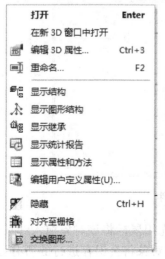 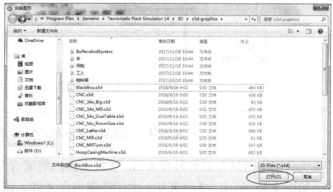

图 5-12 交换图形操作

123

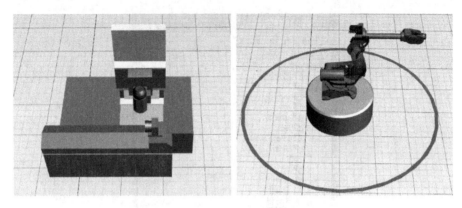

图 5-13 交换前、后的机器人工位

5.3 保存和加载对象

在 Plant Simulation 中，可以将仿真模型框架或对象另存为 obj 格式文件，以便在后续建模过程中将其加载进类库的文件夹中，进而添加到框架中使用。另存的文件中保留所有属性，若需重新定义其属性，则应首先在菜单栏取消勾选"继承"选项。

如图 5-14 所示，右击框架，在弹出的菜单中选择"对象另存为"选项，在弹出的对话框中选择要保存的位置并修改文件名，然后单击"保存"按钮即可。

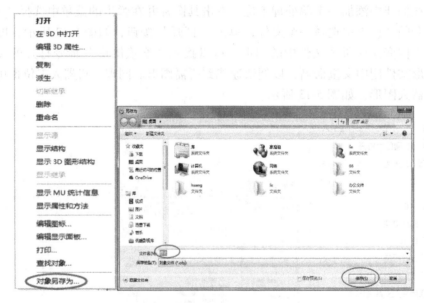

图 5-14 将框架另存为 obj 格式文件

若要将框架中的某个对象另存为 obj 格式文件，则需首先用鼠标将该对象拖入到某个文件夹中，如图 5-15 所示，然后重复上面的步骤另存文件，该对象将会保存进行的所有更改。若建模中需要创建与框架中现存对象完全相同的对象，也可用鼠标将该对象拖入到相应的文件夹中，然后再从该文件夹将其拖入到框架中，当然也可以选中对象按〈Ctrl+C〉键复制对象，然后按〈Ctrl+V〉键粘贴对象，复制生成的对象将会继承原有对象的所有属性。注意，若将文件夹中的原有对象删除或者对其属性进行修改，框架中该对象的衍生对象也会被删除或修改；若需编辑单个对象，则应在框架中选中该对象进行编辑；若想编辑全部对象，则应在文件夹中进行编辑；若要编辑对象的方法对象，则需要在"编辑"选项卡勾选"取消继承"选项。

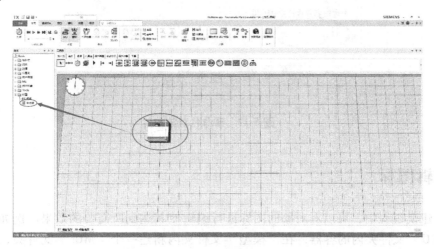

图 5-15　将对象拖入到某个文件夹中

若想在类库的某个文件夹中加载一个对象，则右击该文件夹并在弹出的菜单中选择"保存/加载"选项，在弹出的对话框中找到对象所在的位置，选中对象后单击"打开"按钮，如图 5-16 所示。这时会弹出"替换或重命名类"对话框，如图 5-17 所示，这表明该对象在类库中有相同的对象，可以选择"将加载的类替换为类库中的类"选项，则加载该对象到类库的文件夹中，不过这样容易出错；也可以选择"重命名并保持复制的类"选项，接着重新命名该对象后进行加载，推荐如此进行操作。

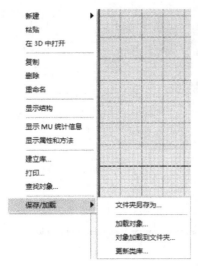
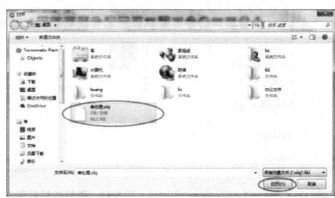

图 5-16　加载对象

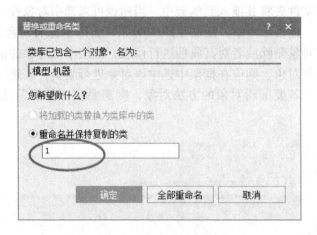

图 5-17 重命名对象

5.4 编辑图标

在 2D 建模过程中，可以对对象的图标进行编辑使其达到所需要的效果。例如，首先复制类库"MU"文件夹内的容器，在"模型"文件夹内新建一个"MUs"文件夹，将复制的容器拖入到"模型"文件夹内的"MUs"文件夹中，右击容器文件名，在弹出的菜单中选择"编辑图标"选项，则进入到图标编辑界面，如图 5-18 所示。图标编辑界面的主要功能如图 5-19 所示。

图 5-18 图标编辑界面

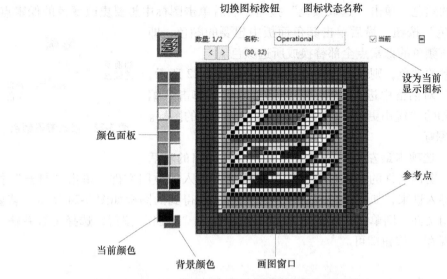

图 5-19 图标编辑界面的主要功能

5.4.1 绘制图标和导入导出图标

"编辑"选项卡如图 5-20 所示,可以利用其中的按钮对图标进行放大、缩小,或者绘制直线、多义线、椭圆等,以实现对图标的修改。

图 5-20 "编辑"选项卡

1. 绘制图标

单击"绘图颜色"按钮,在弹出的"颜色"对话框中选择想要的颜色,然后单击"确定"按钮,即可更改当前的绘图颜色,也可通过图标编辑界面的颜色面板进行快速选择,如图 5-21 所示。单击"填充区域"按钮,然后单击图标中颜色相同的区域,则会将该区域

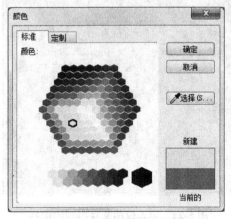

图 5-21 选择当前的绘图颜色

的颜色变为所选的颜色。单击"选取颜色"按钮,然后单击图标中想要更改颜色的像素点,再单击"替换颜色"按钮,最后单击颜色面板中想要的颜色,即可将该图标中的该颜色的像素点全部替换成所选颜色。

若要修改背景的颜色,则双击背景颜色位置,如图 5-22 所示,在弹出的"颜色"对话框中进行选择。将图标修改好后单击"编辑"选项卡最右侧的"应用更改"按钮,即可保存编辑好的图标。

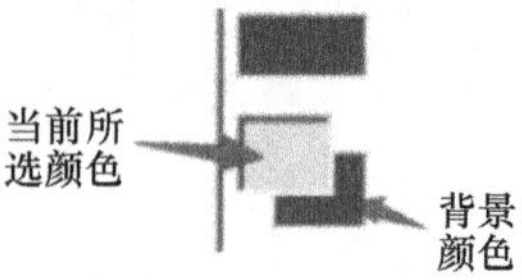

图 5-22 修改背景颜色

2. 导入导出图标

单击"编辑"选项卡最左侧的"导入"按钮,在弹出的对话框中找到想要导入图标文件的所在位置,然后选择想要导入的位图文件,单击"打开"按钮,即可将图标导入进来,如图 5-23 所示。导入位图文件得到的图标如图 5-24 所示。若要将图标导出为位图文件,则单击"编辑"选项卡最左侧的"导出"按钮,选择位置并输入文件名,单击"保存"按钮即可。

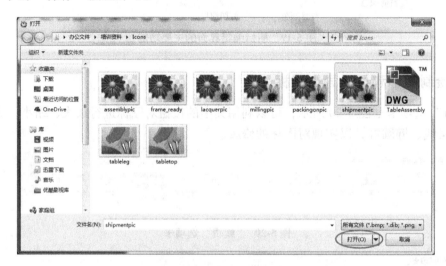

图 5-23 导入位图文件

图 5-24 导入位图文件得到的图标

5.4.2 物料流对象的状态

每个物料流对象都具有不同的状态,在模型仿真过程中,不同的状态对应不同的图标显示效果。例如,小车图标在操作状态和故障状态的图标显示效果如图 5-25 所示。物料流对象图标所处状态有:failed(故障状态)、paused(暂停状态)、operational(操作状态)和 waiting(等待状态)等。每个物料流对象还有不同的状态灯,例如,单处理工位的状态灯如图 5-26 所示。

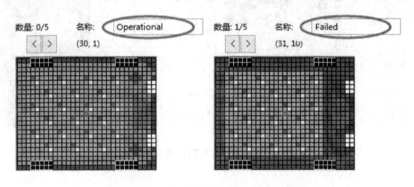

图 5-25 小车图标不同状态的显示效果

图 5-26 单处理工位的状态灯

5.4.3 物料流对象的动画点

物料流对象图标的动画点,就是将 MU 存放在该对象上的位置点,可以利用图标编辑界面的"动画"选项卡进行编辑,如图 5-27 所示。

图 5-27 图标编辑界面的"动画"选项卡

在图标上的任意位置左击,便会在该点添加一个动画点。若要移动动画点,则单击"动画"选项卡的"移动"按钮,然后选中图标中的动画点,拖动鼠标移动该动画点。若要删除某个动画点,则选中该动画点并右击,在弹出的菜单中选择"删除"选项即可,若选择"全部删除"选项,则会删除该图标上的所有动画点。若要显示或隐藏动画点,则单击"动画"选项卡的"动画编号"按钮。完成所有对动画点的编辑后,单击"动画"选项卡最右侧的"应用更改"按钮即可保存更改。

图 5-28 所示为一个动画点与四个动画点的区别。同样放置四个 MU 的情况下,只有一个动画点时,四个 MU 会堆叠在一起,只显示其中一个;有四个动画点时,四个 MU 则会被放置在四个不同的位置上。

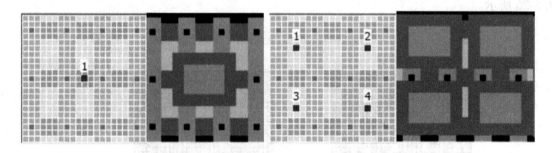

图 5-28　一个动画点与四个动画点的区别

5.4.4　活动的矢量图

实体、容器和小车等移动单元对象都有一个"活动的矢量图"选项。以小车为例,双击类库文件夹中的小车,在弹出的"小车"对话框单击展开"图形"选项卡,如图 5-29 所示。若勾选"活动的矢量图"选项,则小车图标显示如图 5-30a 所示效果;反之,则显示如图 5-30b 所示效果。

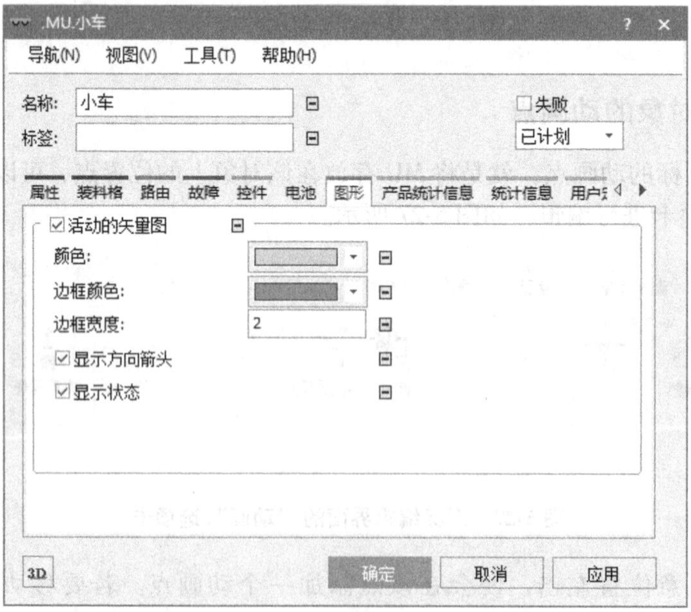

图 5-29　"小车"对话框的"图形"选项卡

第5章 图形的功能与用法

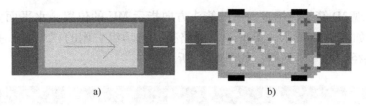

图 5-30 不同显示效果的小车图标

5.5 编辑 3D 属性

在 Plant Simulation 中，基本每一个对象都有编辑 3D 属性功能。例如，对于单处理工位，右击其图标并在弹出的菜单中选择"编辑 3D 属性"选项，弹出的 3D 属性编辑对话框如图 5-31 所示，其中有"变换""MU 动画""自行动画""图形""标题"选项卡，"变换"选项卡的功能在 5.1.1 小节已经讲过，不再赘述。小车、实体、容器等移动单元对象的 3D 属性编辑对话框没有"缩放"选项组，而有一个"自动缩放"选项，激活该选项，则对所选对象图形的缩放会自动关联到初始图形；若不想关联缩放，则取消勾选"自动缩放"选项。

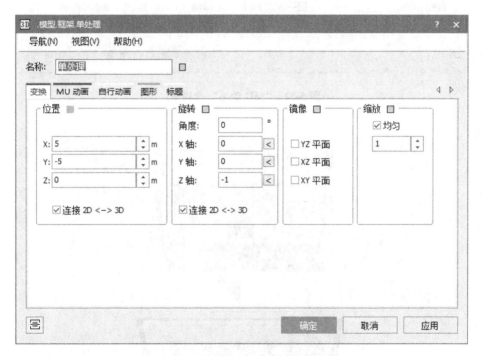

图 5-31 "单处理" 3D 属性编辑对话框

1. "MU 动画"选项卡

在"MU 动画"选项卡中，可对 MU 进入物料流对象的位置进行编辑，如图 5-32 所示。一般情况下不需要更改"动画对象""要附加的 MU 侧"等选项，它们一般在编辑自行动画时用到。单击"添加"按钮可添加新的动画路径，单击"动画路径"列表中的"显示"按钮，则框架中出现3D箭头，铅垂向下的箭头方向指示MU的位置，水平面内的箭头方向指示MU的角度，如图5-33所示。单击"动画路径"选项组右侧的"编辑"按钮，打开编辑动画路径的"路径锚点"对话框，如图5-34所示。

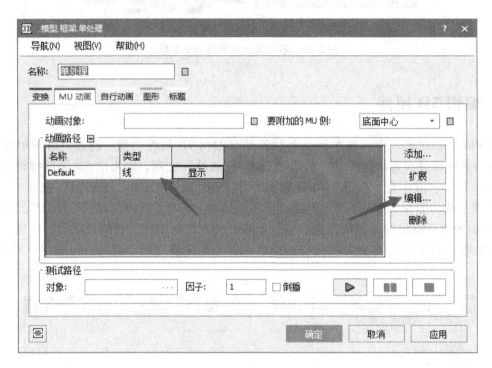

图5-32 "MU动画"选项卡

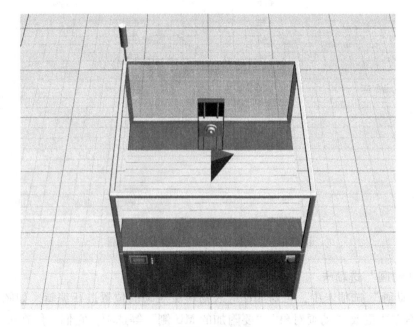

图5-33 3D箭头

在图 5-34 所示"路径锚点"对话框中,单击"添加"按钮,则可以添加一个新的动画点。选中某个动画点,然后单击"之前插入"按钮,则在该动画点之前插入一个新的动画点;单击"删除"按钮,则删除该动画点。双击某个动画点,即打开该动画点的"编辑锚点"对话框,可对其位置和旋转角度进行编辑。

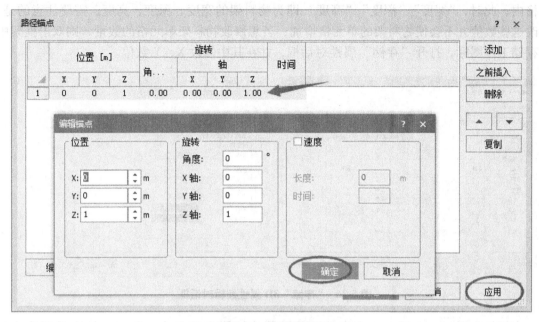

图 5-34 编辑动画点

在"路径锚点"对话框中添加一个新的动画点,使列表中存在两个动画点,双击第一个动画点,在弹出的"编辑锚点"对话框中修改其位置为(-1,0,1),勾选"速度"选项,设置"时间"为 2s,接着单击"确定"按钮。返回到"路径锚点"对话框,其将自动在"速度"选项组中生成数值,表示第一个动画点到第二个动画点的速度和时间。然后单击"确定"按钮返回到图 5-31 所示"单处理"3D 属性编辑对话框,再单击"应用"按钮。在框架中添加一个源、一个物料终结站,用连接器将它们连接起来,启动仿真,得到 MU 进入到单处理工位的动画路径如图 5-35 所示。

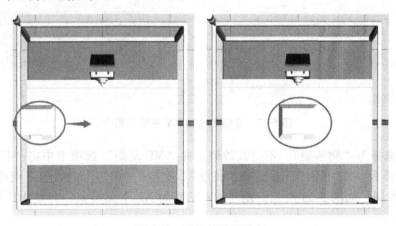

图 5-35 MU 的动画路径

存储工位的"MU 动画"选项卡多一个"动画区域"的选项,激活动画区域的对话框如图 5-36 所示。可以在"外观"选项卡中对存储工位的外观进行定义,"类型"下拉列表中有"占地面积"和"物料架"两个选项,若选择"占地面积"选项,则存储工位将 MU 平铺码放在地面上;若选择"物料架"选项,则存储工位会将 MU 存放在物料架的每个单元格内,此时,"宽度""深度""高度"即为物料架的宽度、深度、高度。需要注意的是,修改这些数值并不会使物料架的单元格增加,若想修改物料架单元格的数量,则双击框架中的存储工位图标,打开"存储"属性对话框,并在其中修改 X、Y 数值。

图 5-36 "存储"3D 属性编辑对话框

在框架中添加一个源和一个存储工位,用连接器将它们连接起来,外观类型选择为"占地面积",启动仿真,则可得到图 5-37 所示的 XY 平面布局。

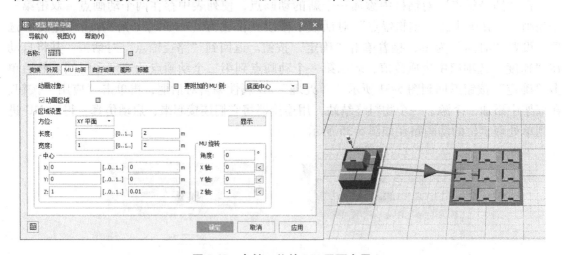

图 5-37 存储工位的 XY 平面布局

外观类型选择为"物料架",不更改数值,在"MU 动画"选项卡中将"区域设置"下的"方位"切换为"XZ 平面",并编辑"长度""宽度""中心"的数值,则可得到存储工位的 XZ 平面布局,如图 5-38 所示。由于 YZ 平面与 XZ 平面类似,只是 MU 的方向不同,因此不再赘述。

第5章 图形的功能与用法

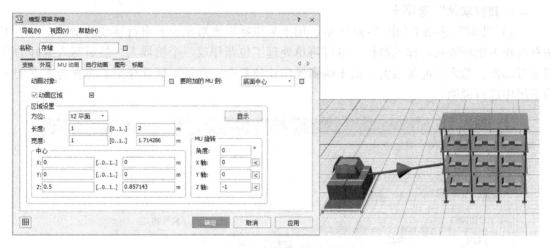

图 5-38 存储工位的 XZ 平面布局

与物料架有关的方法对象 SimTalk 语句如下。
.模型.框架.物料架 [1, 1].move（物料流对象）
　　　　--物料架第一行第一列单元格的 MU 移动到物料流对象上
（物料流对象.cont).move（.模型.框架.物料架 [1, 1]）
　　　　--物料流对象上的 MU 移动到物料架第一行第一列的单元格

如图 5-39 所示，"MU 动画"选项卡的"中心"选项组用于定义所有物料点的中心位置，通过调整数值来使所有物料点跟随移动；"MU 旋转"选项组用于将所有 MU 旋转到某个角度；"显示"按钮用于显示当前物料点的区域。

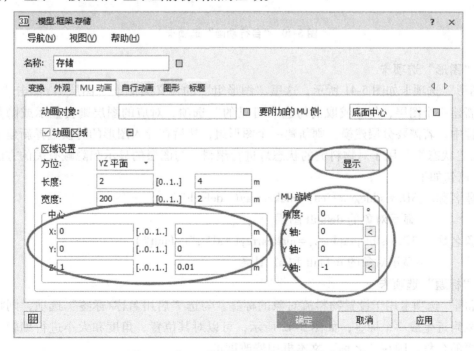

图 5-39 "MU 动画"选项卡其他功能介绍

2. "自行动画"选项卡

"自行动画"选项卡如图5-40所示，用于为该物料流对象设置自行移动的动画，可用于仿真过程中比较细致动作的制作，也可将单处理工位制作成一个机器人，然后写入编好的代码运行动作，总之功能很强大。由于编辑操作比较复杂，此处不展开介绍，将在与本书配套的下册中进行说明。

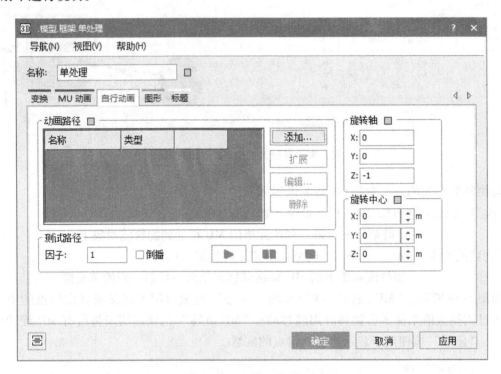

图5-40 "自行动画"选项卡

3. "图形"选项卡

"图形"选项卡如图5-41所示，这里"图形组"的含义类似于"图层"，单击"添加"按钮则新建一个图层，勾选或取消勾选"可见的"选项，对应的图层则会显示或隐藏。在仿真过程中，若需要分层建模，则新建一个图形组，然后在导入图形的时候选择新建的图形组即可。"状态组"用于对物料流的状态灯进行编辑。与图层的显示和隐藏有关的方法对象SimTalk语句如下：

对象名称._3D.visiblegraphics:=makearray("default")
　　　　--显示对象的default图层
对象名称._3D.visiblegraphics:=makearray("s1","default")
　　　　--显示对象的default和s1图层

4. "标题"选项卡

"标题"选项卡用于设置物料流对象的标签，勾选"启用名称/标签"选项，则将在物料流对象附近生成一个标签，如图5-42所示，可以对其位置、角度和大小进行编辑。若要修改标签的名称，则在"名称"文本框中修改即可。

第5章 图形的功能与用法

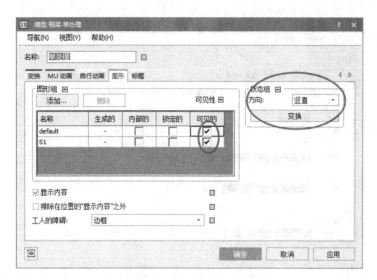

图 5-41 "图形"选项卡

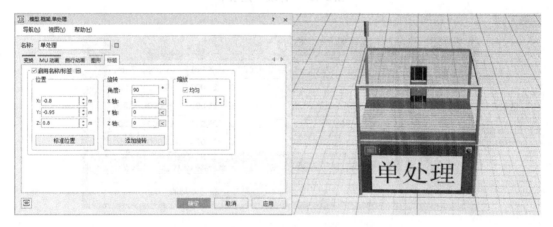

图 5-42 "标题"选项卡

5. 线和轨道等对象的段功能

在线和轨道等移动单元运动路径对象的 3D 属性编辑对话框中，"外观"选项卡中多一个"段"按钮，以线为例，如图 5-43 所示。"段"按钮右侧的"基本高度"为传送带传送部分到地面的高度，"宽度"为传送部分的宽度。

单击"段"按钮会弹出一个对话框，其以表格形式显示构成这条线的各直线段或圆弧段的参数，如切角、长度和半径等，如图 5-44 所示。

在图 5-43 所示"外观"选项卡中，"配置"下方的"类型"下拉列表有"皮带传送器""滚轮传送器""轨式传送器"等选项，线对象可以在多种样式之间变换，如图 5-45 所示。

在图 5-43 所示"外观"选项卡中，"腿"选项组提供了腿的"类型""材料""多重性""直径"四种可以设置的选项，编辑"腿"选项组选项前、后外观对比如图 5-46 所示。

在图 5-43 所示"外观"选项卡中，"通道"选项组提供了传送带传送部分的"材料"和"高度"两种可以设置的选项，编辑"通道"选项组选项前、后外观对比如图 5-47 所示。

137

图 5-43 "外观"选项卡

图 5-44 线的参数

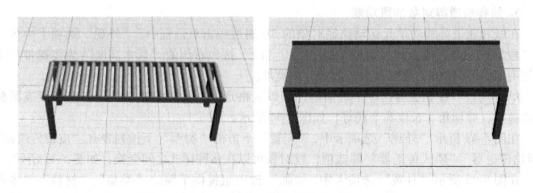

图 5-45 滚轮传送器和轨式传送器

在图 5-43 所示"外观"选项卡中,"框架"选项组提供了传送带传送部分的边框"材

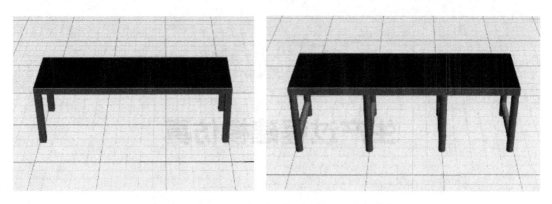

图 5-46 编辑"腿"选项组选项前、后外观对比

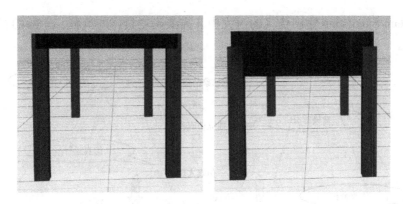

图 5-47 编辑"通道"选项组选项前、后外观对比

料""高度""宽度"三种可以设置的选项，编辑"框架"选项组选项前、后外观对比如图 5-48 所示。

图 5-48 编辑"框架"选项组选项前、后外观对比

第 6 章

生产过程建模仿真

在使用 Plant Simulation 建模仿真的过程中，需要确定具体的流程，一般的建模仿真流程如图 6-1 所示。

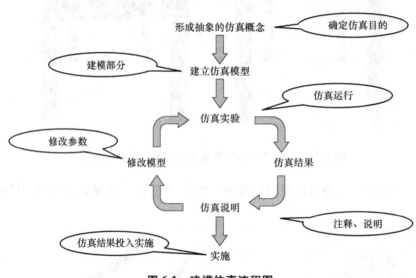

图 6-1 建模仿真流程图

6.1 汽车生产建模仿真

下面以汽车生产为例，讲解建模仿真的步骤和方法。汽车生产有很多道工序，首先将汽车生产工序分成几个模块，然后分别对相应的模块进行建模，最后将它们合起来成为完整的仿真模型，具体的汽车生产建模仿真步骤如下。

1）创建冲压模块。创建两个冲压工位，冲压工位将钢板冲压成车身等部位。
2）创建焊接模块。创建一个焊接工位，焊接工位将车身与其他部位焊接起来。
3）创建喷漆模块。创建一个喷漆机器人，喷漆机器人为车身喷涂不同的颜色。再创建质量检测工位，质量检测工位将喷涂质量不合格的车身发送到返修线重新喷涂。
4）创建装配模块。创建装配工位，装配工位将车身与车轮装配到一起。

5)创建检测模块。创建检测工位,装配完成的汽车被送到检测工位,检测完成后等待被运走。

6)创建装运模块。装配好的汽车通过装运模块发送到客户的手中。

6.1.1 建立基本的仿真模型

首先创建一个初步的模型来表示生产汽车的设备及流程,按照生产工艺将整个生产过程划分为几个不同的模块,每个模块代表一道生产工序。然后分别针对不同的模块进行详细的建模,通过这种方法可以了解建模过程中常用到的对象及建模的整个基本流程。

1. 生产线设备建模

1)打开 Plant Simulation 14.0 软件,选择 2D 建模。

2)打开"模型"文件夹中的框架,将其重命名为"plant_1"。

3)在框架中添加对象并连接,所得模型如图 6-2 所示。由于该模型需要的方法对象程序较少,因此多数以中文命名,以便查看。

4)修改冲压工位的处理时间为 8min。

5)打开事件控制器,先单击"重置仿真"按钮,再单击"开始仿真"按钮,观察仿真过程。

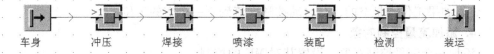

图 6-2 汽车生产初步模型

2. 解决瓶颈问题

由于目前只有一个冲压工位且其处理时间为 8min,这使产能大大降低,在当前模型中是一个较大的瓶颈,因此需要在冲压工位旁增加一个并行的冲压工位,并且将处理时间设为 3min。

1)复制"plant_1"框架并重命名为"plant_2"。

2)在"plant_2"框架中添加一个单处理工位并命名为"冲压2",用连接器连接模型,如图 6-3 所示。

3)开始运行仿真,调节事件控制器的滑块到合适的位置。

4)观察 MU 从一个工位到另一个工位的过程。

3. MU 移动策略说明

用连接器连接对象,激活前趋对象和后续对象,MU 默认的移动策略示意图如图 6-4 所示,说明如下。

1)按照连接器连接的顺序依次进行编号。

2)按照编号的顺序流出。

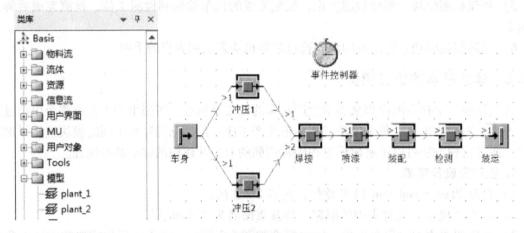

图 6-3 添加并行冲压工位

图 6-4 MU 默认的移动策略示意图

3）如果工位不是空的，会自动按顺序流到下一个空的工位。

4. 添加流量控制对象

添加一个流量控制对象，设置其对 MU 的控制。

1）复制"plant_2"框架并重命名为"plant_3"。

2）在车身和并行的冲压工位之间插入一个流量控制对象，利用其控制 MU 从一个工位到另一个工位的流向。

3）双击"流量控制"图标打开其对话框，将"出口策略"选择为"百分比"，勾选"堵塞"选项，单击"打开列表"按钮，在弹出的对话框中填写冲压 1 工位接收的百分比为"27"，冲压 2 工位接收的百分比为"73"，如图 6-5 所示。

4）从"用户界面"工具箱添加一个图表对象。

5）将"冲压 1"和"冲压 2"图标分别拖入到图表中。

6）运行仿真。双击"图表"图标打开其对话框，单击"显示图表"按钮打开"图表"的资源统计信息对话框，如图 6-6 所示。双击"冲压 2"图标打开其对话框，单击展开"统计信息"选项卡，如图 6-7 所示。比较图表资源统计信息与冲压 2 工位统计信息中的数据。

分层结构是指嵌套的框架，如图 6-8 所示。可以将模型中的某一功能模块进行独立的建模、测试然后嵌入到模型中。同一个框架可以插入到多个模型中，一个模型也可以多次插入同一个框架。后续建模仿真就是基于分层结构来实现的。

第6章 生产过程建模仿真

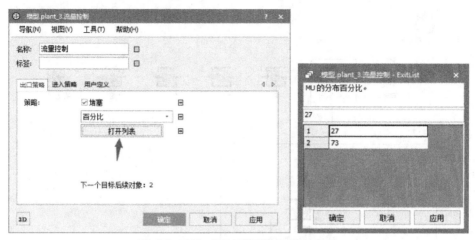

图 6-5 定义"出口策略"百分比数值

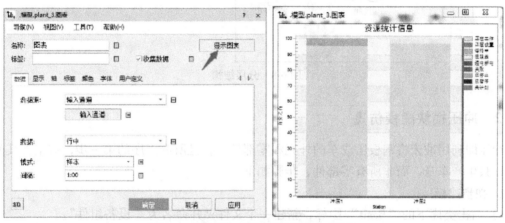

图 6-6 "图表"的资源统计信息对话框

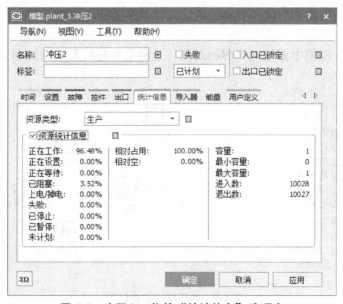

图 6-7 冲压 2 工位的"统计信息"选项卡

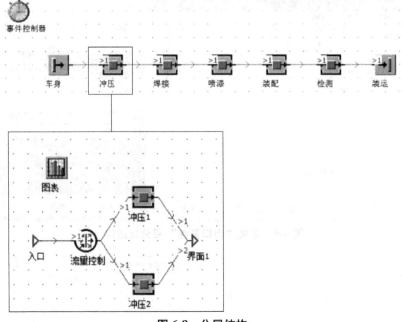

图 6-8 分层结构

6.1.2 冲压模块建模仿真

冲压即利用冲床将钢板压成车的外壳和零部件等,是所有工序的第一步,这里将其简化处理,只生产车身,而非所有零部件,步骤如下

1. 初步建模

1)右击类库下的"Basis"图标,新建一个文件夹并命名为"设备组件"。

2)在"设备组件"文件夹新建一个框架并命名为"冲压"。

3)从"plant_3"框架中复制冲压1工位、冲压2工位、流量控制对象和图表到"冲压"框架中。

4)向"冲压"框架中添加两个界面对象,重命名并连接起来,如图6-9所示。

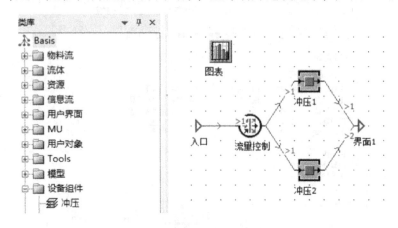

图 6-9 冲压模块初步模型

2. 测试

创建好冲压模块模型后，需要对该模块进行测试，步骤如下。

1）右击类库下的"Basis"图标，新建一个文件夹并命名为"测试模型"。

2）在"测试模型"文件夹中新建一个框架并命名为"测试冲压"。

3）在"测试冲压"框架中添加一个源、一个物料终结站和一个事件控制器，再将"设备组件"文件夹中的"冲压"框架拖进来，用连接器连接起来，如图 6-10 所示。

4）运行仿真，双击打开插入的"冲压"框架，观察仿真过程。

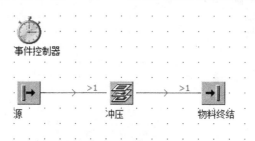

图 6-10　测试冲压模型

3. 替换

测试完毕后，用冲压模块替换图 6-2 所示模型中的冲压工位。

1）复制"plant_3"框架并重命名为"plant_4"。

2）在"plant_4"框架中，删除图表、冲压 1 工位、冲压 2 工位和流量控制对象，将"设备组件"文件夹中的"冲压"框架拖入到模型中并用连接器连接起来，如图 6-11 所示。

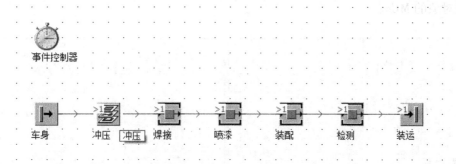

图 6-11　用冲压模块替换图 6-2 所示模型中的冲压工位

4. 图标编辑

替换好冲压模块后，为了更形象地展示该模块的功能，需要对"冲压"模块的图标进行编辑。

1）右击"设备组件"文件夹的"冲压"框架，在弹出的菜单中选择"编辑图标"选项，进入到图标编辑界面。

2）单击"编辑"选项卡最左侧的"导入"按钮，选择"导入位图文件"选项，找到文件夹的位置，选择"冲压"位图文件，然后单击"打开"按钮，如图 6-12 所示。

3）切换到"动画"选项卡，单击"点"按钮，再单击画图窗口的图 6-13 所示的点，

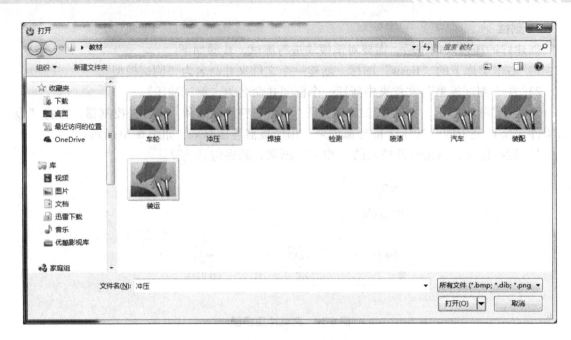

图 6-12 选择位图文件

设置图标的两个动画点,单击"应用"按钮。

4)再单击"链接"按钮,然后单击画图窗口中的动画点 1,这时会切换到冲压框架的界面,单击"冲压 1"图标即可将动画点 1 设为冲压 1 工位的动画点。重复以上步骤,设置动画点 2 为冲压 2 工位的动画点,单击"应用"按钮,即可在"冲压"框架的图标上显示内部物流对象的 MUs。

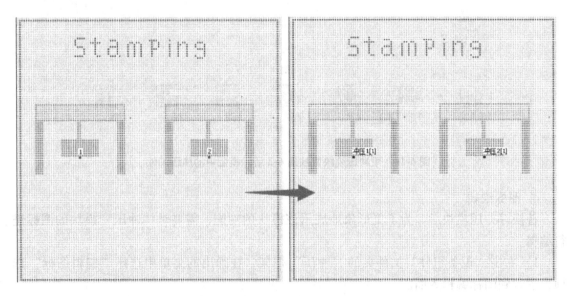

图 6-13 编辑动画点

5)单击下方的"关闭"按钮,关闭图标编辑界面,得到如图 6-14 所示的模型。

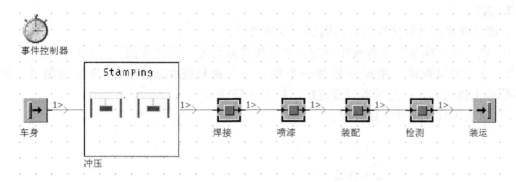

图 6-14 "plant_4" 框架模型

6.1.3 焊接模块建模仿真

焊接就是将各种车身冲压部件焊接成完整的车身，本例将其简化，只添加一个工位进行处理，步骤如下。

1. 初步建模

1) 在"设备组件"文件夹中创建一个新的框架并命名为"焊接"。

2) 在"焊接"框架中添加两个界面、一个单处理工位，重命名并连接起来，如图 6-15 所示。

3) 编辑"焊接"框架的图标，新建动画点 1 并与单处理工位链接起来，如图 6-16 所示。

图 6-15 焊接模块模型

图 6-16 编辑"焊接"框架的图标

2. 测试

下面对创建好的焊接模块进行测试，步骤如下。

1）在"测试模型"文件夹中新建一个框架并命名为"测试焊接"。

2）在"测试焊接"框架中添加一个源、一个物料终结站和一个事件控制器，再将"焊接"框架拖进来，用连接器完成连接，如图 6-17 所示。

3）启动仿真，观察仿真过程。

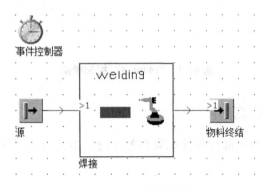

图 6-17　测试焊接模块

3. 替换

用测试好的焊接模块替换图 6-14 所示模型中的焊接工位，步骤如下。

1）复制"plant_4"框架并重命名为"plant_5"。

2）删除"plant_5"框架中的焊接工位，将"设备组件"文件夹中的"焊接"模块拖入到"plant_5"框架中，并用连接器连接起来，如图 6-18 所示。

3）启动仿真，观察仿真过程。

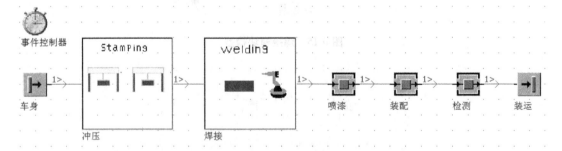

图 6-18　用焊接模块替换图 6-14 所示模型中的焊接工位

6.1.4　喷漆模块建模仿真

由于车身需防腐防锈，消费者有不同颜色的个性化需求等，因此需要对车身进行喷漆处理。

1. 初步建模

1）在"设备组件"文件夹中新建一个框架并命名为"喷漆"。

2）在"喷漆"框架中添加四个单处理工位、一个流量控制单元、一个物料终结站、两个界面、一个方法对象、一个表文件和一个变量"colorindex",重命名并连接起来,如图 6-19 所示。

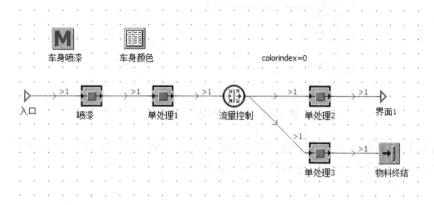

图 6-19 喷漆模块模型

3)在喷漆工位"控件"选项卡的"入口"位置选择车身喷漆方法对象为其入口控件。双击"流量控制"图标打开其对话框,勾选"堵塞"选项,策略选择"MU 特性","默认后继对象"设为"1","属性类型"设为"String",单击"打开列表"按钮,"属性"列写入"quality","值"列写入"bad","后续对象"列写入"2",如图 6-20 所示。

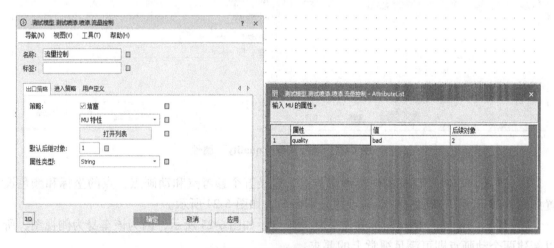

图 6-20 定义流量控制策略

4)双击变量"colorindex"图标打开其对话框,设置"数据类型"为"integer","值"为"0"。双击"车身颜色"图标打开其表文件,填写表格内容,如图 6-21 所示。双击"车身喷漆"图标打开其方法对象编辑窗口,写入如下源代码。

colorindex:=z_uniform(5,1,车身颜色.ydim+1)

　　--z_uniform(integer,real1,real2)函数表示在 real1 和 real2 之间产生一个随机数

　　@.CurrIcon:=车身颜色[1,colorindex]

5)在"模型"文件夹中新建一个子文件夹并命名为"MUs",按〈Shift〉键将"MU"文件夹中的容器拖入到"MUs"子文件夹中实现复制,并将其命名为"车身",双击"车

	string 1	string 2
1	blue	
2	red	
3	brown	
4	yellow	
5	green	
6		

图 6-21 “车身颜色”表文件

身”图标打开其对话框，在“用户定义”选项卡添加一个名为“quality”的属性，“数据类型”设为“string”,“值”设为“good”，如图 6-22 所示。

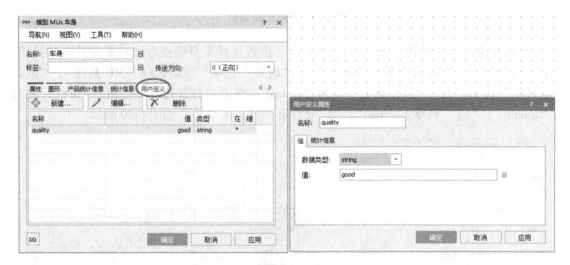

图 6-22 添加车身“quality”属性

6）进入“车身”图标的图标编辑界面，定义五个参考点和动画点，点的坐标和颜色设置如图 6-23 所示。新建三个动画点并分别命名，如图 6-24 所示。

7）编辑“喷漆”框架图标并定义其动画点，如图 6-25 所示，因为该车身为侧视图，所以新建两个动画点即可满足视觉上的要求。

2. 测试

喷漆模块创建完毕后，需要对其进行测试，步骤如下。

1）在“测试模型”文件夹新建一个框架并命名为“测试喷漆”拖入“喷漆”框架，添加一个源、一个物料终结站、一个事件控制器和一个表文件，重命名并连接起来，如图 6-26所示。

2）双击“源”图标打开其对话框，将“MU 选择”选择为“循环序列”，然后打开“表”的“选择对象”对话框，选择刚刚添加到框架中的产品列表，如图 6-27 所示。单击“应用”按钮再单击“确定”按钮，表文件则会格式化为源所需的格式。

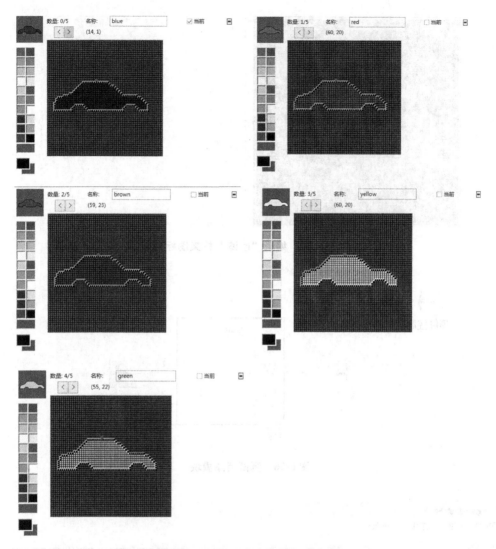

图 6-23 编辑"车身"图标参考点

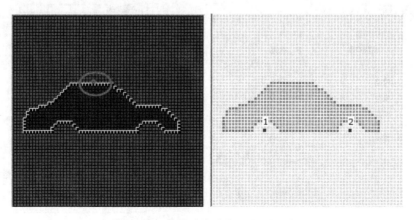

图 6-24 编辑"车身"图标动画点

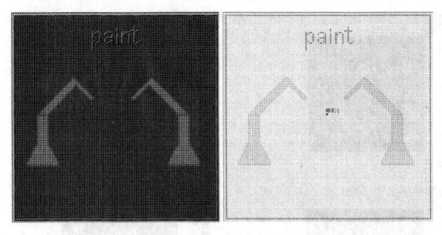

图 6-25 编辑"喷漆"框架图标

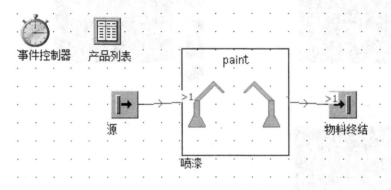

图 6-26 测试喷漆模块

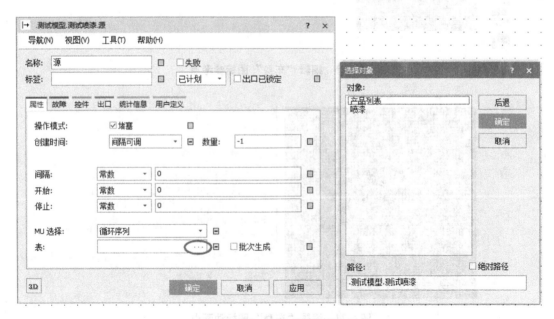

图 6-27 定义物料来源

3）双击“产品列表”图标打开其表文件，用鼠标将“车身”拖到“MU”列，然后填写数量（Number）和名称（Name），再填写内嵌表格的名称，双击打开它，然后设置其属性，如图 6-28 所示。

4）启动模型，双击打开“喷漆”框架，观察模型是否将车身的颜色进行了更改。

	object 1	integer 2	string 3	table 4
string	MU	Number	Name	Attrib...
1	.模型.MU...	9	车身好	a
2	.模型.MU...	1	车身坏	a
3				

	string 1	integer 2	boolean 3	string 4	real 5
string	Name of Attribute	integer	boolean	string	real
1	quality			good	
2					
3					

	string 1	integer 2	boolean 3	string 4	real 5
string	Name of Attribute	integer	boolean	string	real
1	quality			bad	
2					
3					

图 6-28 定义“产品列表”表文件

3. 替换

用测试好的喷漆模块替换图 6-18 所示模型中的喷漆工位，具体步骤如下。

1）复制“plant_5”框架并重命名为“plant_6”。

2）删除喷漆工位，将“设备组件”文件夹中的“喷漆”框架拖入到模型中并连接起来，复制“测试喷漆”框架中的“产品列表”到“plant_6”框架中，并参照之前的方法修改“车身”源对象产生 MU 的方式为循环序列，表为产品列表，如图 6-29 所示。

3）启动仿真，观察仿真过程。

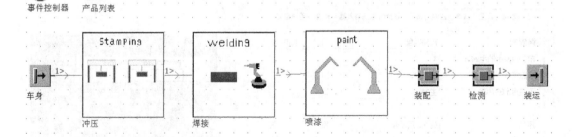

图 6-29 用喷漆模块替换图 6-18 所示模型中的喷漆工位

6.1.5 装配模块建模仿真

装配就是将车身、零部件与内饰等装配起来，这里将其进行简化，只进行车身与车轮的装配，具体步骤如下。

1. 初步建模

1）在"设备组件"文件夹中新建一个框架并命名为"装配"。

2）在"装配"框架中添加三个单处理工位、一个装配工位和三个界面，重命名并连接，如图 6-30 所示。

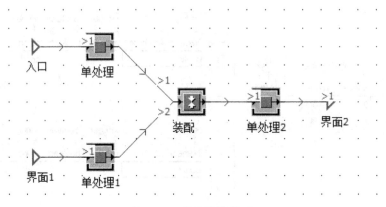

图 6-30　装配模块模型

3）双击"装配"图标打开其对话框，"装配表"选择"前趋对象"。单击"打开"按钮对表格进行定义，由于该汽车以侧视图装配，视觉上装配两个车轮即可，因此车轮的装配数量为 2（即在表格"Number"列输入"2"），但实际生产中应为 4，这里只是为了满足视觉要求进行了简化。然后设置"前趋对象的主 MU 中"为"1"，表格"Predecessor"列输入"2"，"装配模式"选择为"附加 MU"，"正在退出的 MU"选择为"主 MU"，"序列"选择为"先 MU 后服务"，如图 6-31 所示。

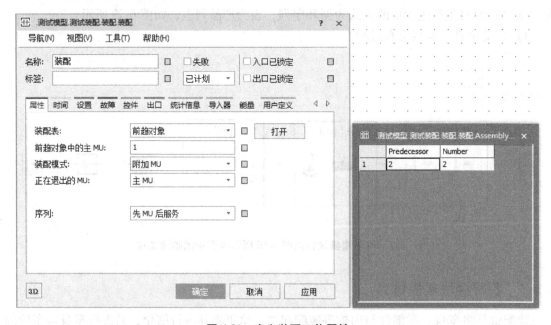

图 6-31　定义装配工位属性

4)编辑"装配"框架的图标,新建动画点并与装配工位链接起来,如图 6-32 所示。

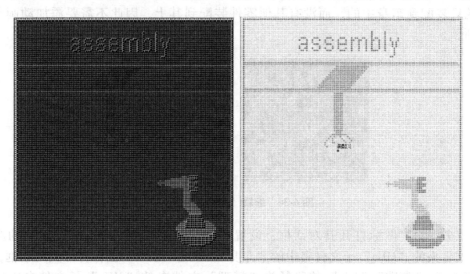

图 6-32 定义"装配"框架图标动画点

2. 测试

对创建好的装配模块进行测试,步骤如下。

1)在"测试模型"文件夹新建一个框架并命名为"测试装配"。

2)在"测试装配"框架中添加两个源、一个物料终结站和一个事件控制器,并拖入"装配"框架。因为"装配"框架有三个界面,其中两个界面表示入口,另一个界面表示出口,所以用连接器将源与其连接起来时需要选择接口,这里"源"选择入口,"源 1"选择界面 1,"装配"框架与物料终结站的连接只有一个出口,故不用进行选择,如图 6-33 所示。

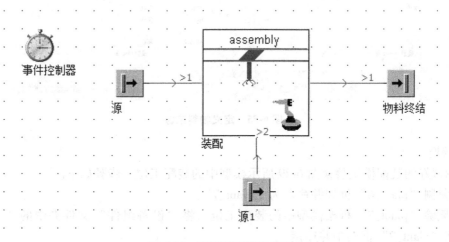

图 6-33 测试装配模块模型

3)复制"MU"文件夹中的实体并重命名为"车轮",按住〈Shift〉键将车轮拖入到"模型"文件夹中的"MUs"子文件夹中。

4) 打开"车轮"的图标编辑界面,导入名称为"车轮"的位图文件,定义其参考点,由于车轮只装配到车身中的,而没有其他零件装配到其上,因此不需要添加动画点,如图 6-34 所示。

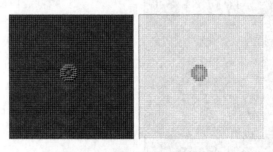

图 6-34 编辑"车轮"图标

5) 双击"源"图标打开其对话框,设置"MU 选择"为"常数","MU"的路径为"模型"文件夹的"MUs"子文件夹中的"车身"。双击"源 1"图标打开其对话框,设置"MU 选择"为"常数","MU"的路径为"模型"文件夹的"MUs"子文件夹中的"车轮",如图 6-35 所示。

6) 启动仿真,观察仿真过程。

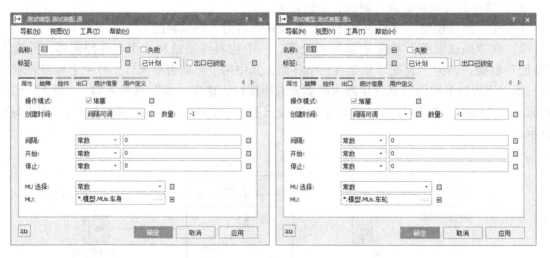

图 6-35 定义物料来源

3. 替换

用测试好的装配模块替换图 6-29 所示模型中的装配工位,步骤如下。

1) 复制"plant_6"框架并命名为"plant_7"。

2) 删除"plant_7"框架模型中的装配工位,将"设备组件"文件夹中的"装配"框架添加到"plant_7"框架中并连接。

3) 添加一个源和一个线对象(传送带),用于产生车轮和传送车轮,重命名"源"为"车轮",如图 6-34 所示。参照前面的步骤设置"车轮"的"MU"路径为"MUs"文件夹中的"车轮"。

4）启动仿真，观察仿真过程。

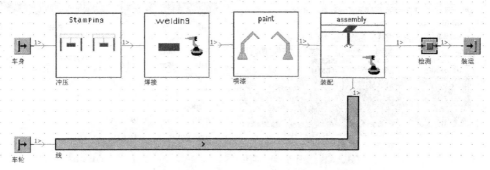

图 6-36 用装配模块替换图 6-29 所示模型中的装配工位

6.1.6 检测模块建模仿真

检测就是检测生产过程中潜在的质量问题，尽可能避免不合格产品出厂，步骤如下。

1. 初步建模

1）在"设备组件"文件夹中新建一个框架并命名为"检测"。

2）在"检测"框架中添加一个缓冲区、一个单处理工位和两个界面，重命名并连接，如图 6-37 所示。

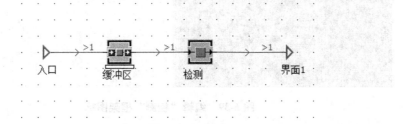

图 6-37 检测模块模型

3）为检测工位添加故障，如图 6-38 所示。

4）编辑"检测"框架图标，如图 6-39 所示。

2. 测试

对创建好的检测模块进行测试，步骤如下。

1）在"测试模型"文件夹中新建一个框架并命名为"测试检测"。

2）在"测试检测"框架中添加一个源、一个物料终结站和一个事件控制器，拖入"检测"框架并连接，如图 6-40 所示。

3）启动仿真，观察检测工位运行状态。

3. 替换

用测试好的检测模块替换图 6-36 所示模型中的检测工位，步骤如下。

数字化工厂仿真（上册）

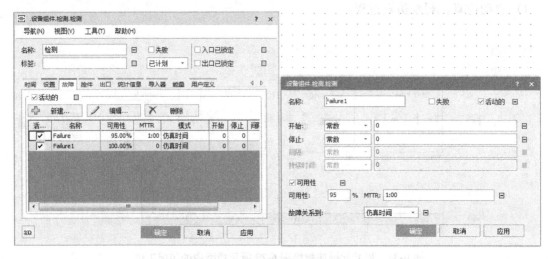

图 6-38　为检测工位添加故障

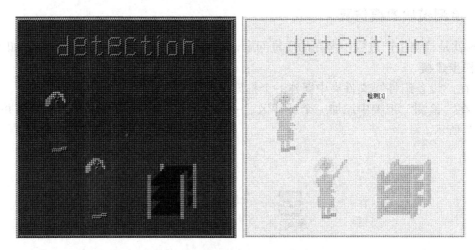

图 6-39　编辑"检测"框架图标

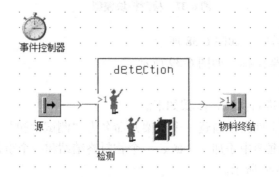

图 6-40　测试检测模块模型

1）复制"plant_7"框架并重命名为"plant_8"。

2) 删除"plant_8"框架中的检测工位，拖入检测模块并连接起来，如图 6-41 所示。
3) 启动仿真，观察仿真过程。

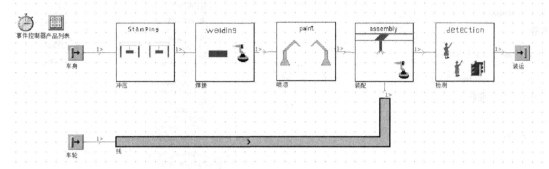

图 6-41 用检测模块替换图 6-36 所示模型中的检测工位

6.1.7 装运模块建模仿真

装运模块对应于用卡车将汽车运输到客户手中的环节，这里对其简化，添加一个物料终结站，当汽车生产完成进入卡车时自动将其删除，步骤如下。

1. 初步建模

1) 在"设备组件"文件夹新建一个框架并命名为"装运"。
2) 在"装运"框架中添加一个界面、一个单处理工位、一个物料终结站、一个时间序列和一个方法对象，重命名界面为"入口"、物料终结站为"装运"工位，将方法对象命名为"reset"，并连接，如图 6-42 所示。

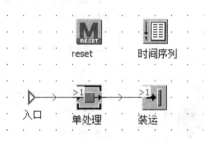

图 6-42 装运模块模型

3) 时间序列用于统计汽车到达装运工位的时间。双击"时间序列"图标打开其对话框，在"录制"选项卡中打开"值"的"选择对象"对话框，选择物料终结站对应的"StatNumIn"属性，并勾选"活动的"选项，如图 6-43 所示。
4) "reset" 方法对象会在模型重置时自动运行，并且用于在模型重置时删除时间序列的数据，双击"reset"图标打开其方法对象编辑窗口，写入"时间序列.delete"源代码。

2. 测试

对创建好的装运模块进行测试，步骤如下。
1) 在"测试模型"文件夹中新建一个框架并命名为"测试装运"。

图 6-43　设置时间序列录制值

2）在"测试装运"框架中添加一个源和一个事件控制器，将装运模块拖入框架并连接，如图 6-44 所示。

3）启动仿真，查看时间序列中的数值。

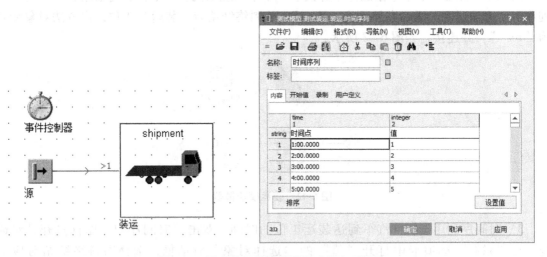

图 6-44　测试装运模块模型和时间序列数值

3. 替换

用测试好的装运模块替换图 6-41 所示模型中的装运工位，步骤如下。

1）复制"plant_8"框架并重命名为"plant_9"。

2）在"plant_9"框架中删除装运工位，拖入装运模块并连接起来，如图 6-45 所示。

3）启动仿真，观察装运模块内时间序列的数值。

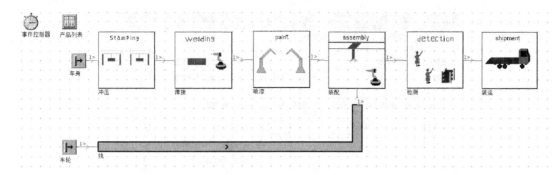

图 6-45 用装运模块替换图 6-41 所示模型中的装运工位

6.1.8 循环喷漆模块建模仿真

在按 6.1.4 小节方法创建的喷漆模块中，不合格的产品会进入到物料终结站中进行销毁，现在对其产线进行优化，让不合格的产品返回到喷漆模块重新进行喷漆，步骤如下。

1. 初步建模

1）复制"设备组件"文件夹中的"喷漆"框架并重命名为"循环喷漆"。

2）在"循环喷漆"框架中删除物料终结站并添加一个缓冲区和一个方法对象，将"单处理 3"工位重命名为"不合格部分"工位，如图 6-46 所示，缓冲区容量修改为 4。

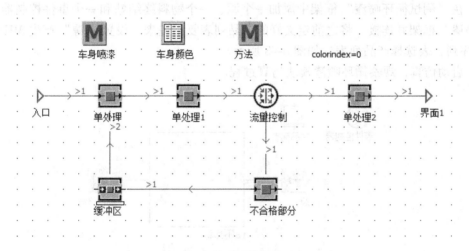

图 6-46 循环喷漆模块模型

3）双击"不合格部分"图标打开其对话框，在"控件"选项卡中，设置"入口"控件为"方法"，如图 6-47 所示。

4）在方法对象中写入如下程序。

@.quality:="good"　　　　--将 MU 的 quality 属性改为 good
@.move　　　　　　　　　--移动到下一个物料流对象

2. 测试

对创建好的循环喷漆进行测试，步骤如下。

图 6-47 添加不合格部分工位的入口控件

1)在"测试模型"文件夹中新建一个框架并命名为"测试循环喷漆"。

2)在"测试循环喷漆"框架中添加一个源、一个物料终结站和一个事件控制器,拖入"循环喷漆"框架并连接。将之前定义好的产品列表复制进来,设置"源"产生 MU 的方式为循环序列,表选择产品列表,如图 6-48 所示。

3)启动仿真,观察循环喷漆模块仿真过程。

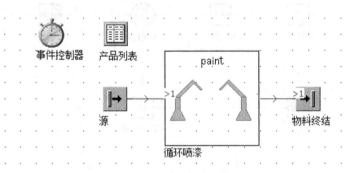

图 6-48 测试循环喷漆模块模型

3. 替换

用测试好的循环喷漆模块替换图 6-45 所示模型中的喷漆模块,步骤如下。

1)复制"plant_9"框架并重命名为"plant_10"。

2)在"plant_10"框架中删除喷漆模块,拖入"设备组件"文件夹中的"循环喷漆"框架并连接,如图 6-49 所示。

3)启动仿真,观察循环喷漆模块的运行状态。

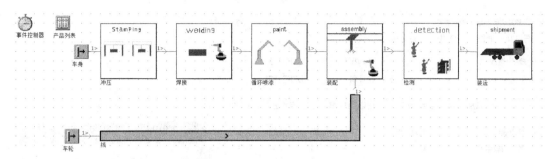

图 6-49　用循环喷漆模块替换图 6-45 所示模型中的喷漆模块

6.1.9　机器人装配线模块建模仿真

在按 6.1.5 小节方法创建的装配模块中，汽车的装配过程由装配工位来实现，现在对其进行优化，添加机器人等进行装配，步骤如下。

1. 机器人装配模块建模仿真

1）在"设备组件"文件夹中新建一个框架并命名为"机器人装配"。

2）在"机器人装配"框架中添加一个装配工位、一个单处理工位、一个缓冲区、一个选取并放置机器人和三个界面，重命名用连接器连接起来，如图 6-50 所示。

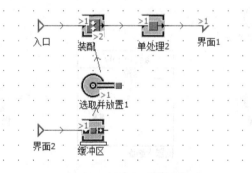

图 6-50　机器人装配模块模型

3）双击"装配"图标打开其对话框，在"属性"选项卡中设置装配方式，如图 6-51 所示。

4）编辑"机器人装配"框架图标，同"装配"框架图标。

2. 测试机器人装配模块

对创建好的机器人装配进行测试，步骤如下。

1）在"测试模型"文件夹中新建一个框架并命名为"测试机器人装配"。

2）在"测试机器人装配"框架中添加两个源、一个物料终结站和一个事件控制器，拖入"机器人装配"框架并连接起来，"源"连接"机器人装配"框架的"入口"，"源1"连接"机器人装配"框架的"界面2"，"机器人装配"框架的"界面1"连接物料终结站，如图 6-52 所示。

3）编辑两个源产生 MU 的路径，使源产生车身，源1产生车轮。

4）启动仿真，双击进入机器人装配模块观察机器人装配的过程。

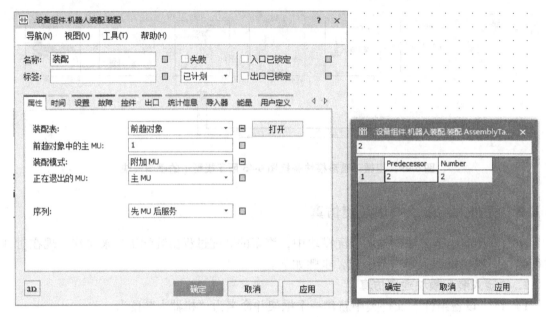

图 6-51 在"属性"选项卡设置装配方式

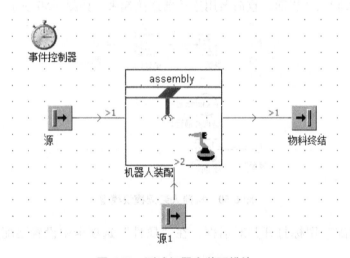

图 6-52 测试机器人装配模块

3. 机器人装配线模块建模仿真

汽车由机器人装配好后,则由传送带传送到下一个模块。现在进行汽车装配线的建模。

1) 在"设备组件"文件夹中新建一个框架并命名为"机器人装配线"。

2) 向工具箱添加两个 Transfer Station,如图 6-53 所示,然后从工具箱将其拖入"机器人装配线"框架。接着添加三个界面、两个单处理工位、一个源、一个线对象(传送带),将机器人装配模块拖进来并用连接器连接起来,如图 6-54 所示。

3) 编辑机器人装配线模块的图标,两个动画点分别链接"机器人装配"框架的对应位置的点,如图 6-55 所示。

第6章 生产过程建模仿真

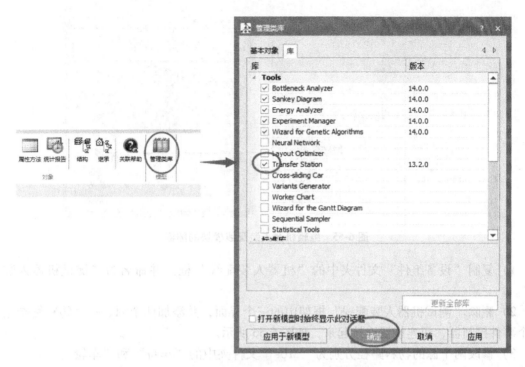

图 6-53 添加 Transfer Station 工具对象

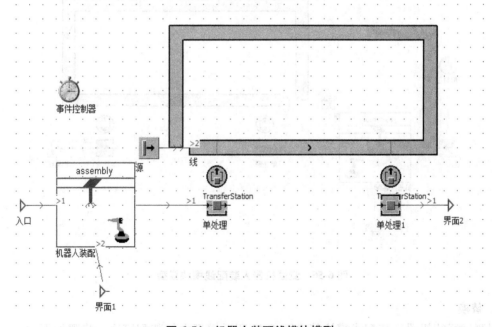

图 6-54 机器人装配线模块模型

4. 测试机器人装配线子模块

对创建好的机器人装配线模块进行测试，步骤如下。

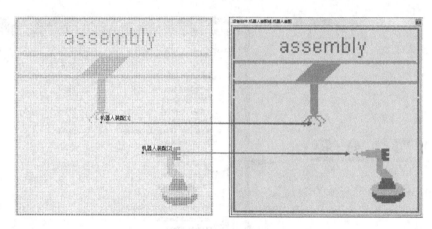

图 6-55 编辑机器人装配线模块的图标

1）复制"设备组件"文件夹中的"机器人装配线"框架并命名为"测试机器人装配线"。

2）删除"测试机器人装配线"框架中的三个界面，并添加两个源、一个物料终结站和一个事件控制器，用连接器连接起来，如图 6-56 所示。

3）修改两个源的物料路径分别为"MUs"文件夹中的"车身"和"车轮"。

4）启动仿真，观察仿真过程。

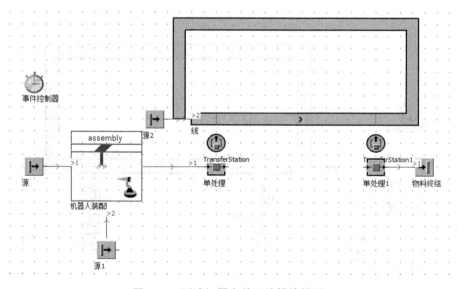

图 6-56 测试机器人装配线模块模型

5. 替换

用测试好的机器人装配线模块替换图 6-49 所示模型中的装配模块，步骤如下。

1）复制"plant_10"框架并重命名为"plant_11"。

2）删除"plant_11"框架中的装配模块，添加机器人装配线模块并连接起来，注意连接的时候选对接口，如图 6-57 所示。

3）启动仿真，观察仿真的过程。

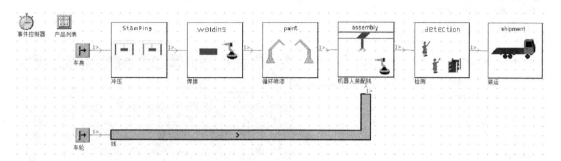

图 6-57 用机器人装配线模块替换图 6-49 所示模型中的装配模块

6.1.10 工人检测模块建模仿真

在按 6.1.6 小节方法创建的检测模块中，只有一个单处理工位来完成检测，现在添加工人来进行检测，并添加班次日历来管理工人的作息，步骤如下。

1. 初步建模

1）复制"设备组件"文件夹中的"检测"框架并重命名为"工人检测"。

2）在"工人检测"框架中添加一个协调器、一个工人池、一个班次日历、一条人行通道和一个工作区，将工作区拖到检测工位附件，则其自动将检测工位作为服务的站，如图 6-58 所示。

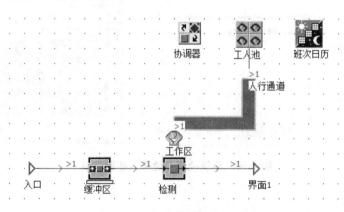

图 6-58 工人检测模块模型

3）双击"工人池"图标打开其对话框，单击"创建表"按钮进行定义，设置工人数量为"1"，服务为"detection"，"出行方式"选择"沿人行通道走动"，"协调器"选择添加进来的协调器，如图 6-59 所示。

4）双击"检查"图标打开其对话框，在"控件"选项卡的"班次日程表"中选择添加的班次日历，然后切换到"导入器"选项卡，勾选"活动的"选项，单击"服务"后面的□，然后单击"服务"按钮进行编辑，如图 6-60 所示。

5）对班次日历进行编辑，如图 6-61 所示。编辑完成后将检测工位拖入到班次日历中，即可为检测工位添加一个班次日历。

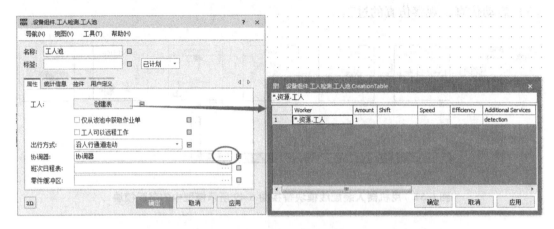

图 6-59　设置工人池属性

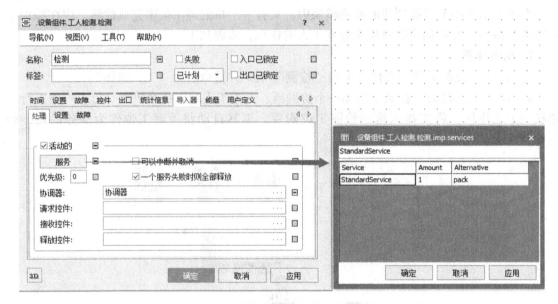

图 6-60　编辑检测工位导入器服务表

2. 测试
对创建好的工人检测模块进行测试，步骤如下。
1）在"测试模型"文件夹中新建一个框架并命名为"测试工人检测"。
2）在"测试工人检测"框架中添加一个源、一个物料终结站和一个事件控制器，将"设备组件"文件夹中的"工人检测"框架拖入进来并连接，如图 6-62 所示。
3）启动仿真，观察仿真的过程。

3. 替换
用测试好的工人检测模块替换图 6-57 所示模型中的检测模块，步骤如下。
1）复制"plant_11"框架并重命名为"plant_12"。
2）删除"plant_12"框架中的检测模块，拖入"设备组件"文件夹中的"工人检测模块"框架并连接。

第6章　生产过程建模仿真

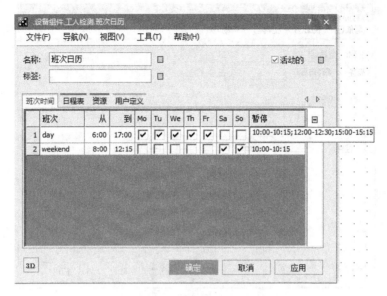

图 6-61　编辑班次日历表

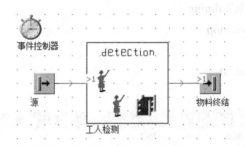

图 6-62　测试工人检测模块模型

6.1.11　添加仿真控制对象并启动仿真

1. 添加"实时仿真"复选框

为模型添加一个复选框对象，利用该复选框来控制实时仿真在激活和关闭状态之间进行切换。双击"复选框"图标打开其对话框，修改其"标签"为"实时仿真"，在"控件"处创建一个方法对象，如图 6-63 所示。方法对象的源代码如下。

if ?.Value
　　　root.EventController.Realtime := true
else
　　　root.EventController.Realtime := false
end

2. 添加"启动/停止仿真"按钮和"重置模型"按钮

为模型添加两个按钮对象。首先将第一个按钮设置为仿真启动和停止的控制按钮，双击"按钮"图标打开其对话框，修改其"标签"为"启动/停止仿真"，在"控件"处创建一个方法对象，如图 6-64 所示。方法对象的源代码如下。

169

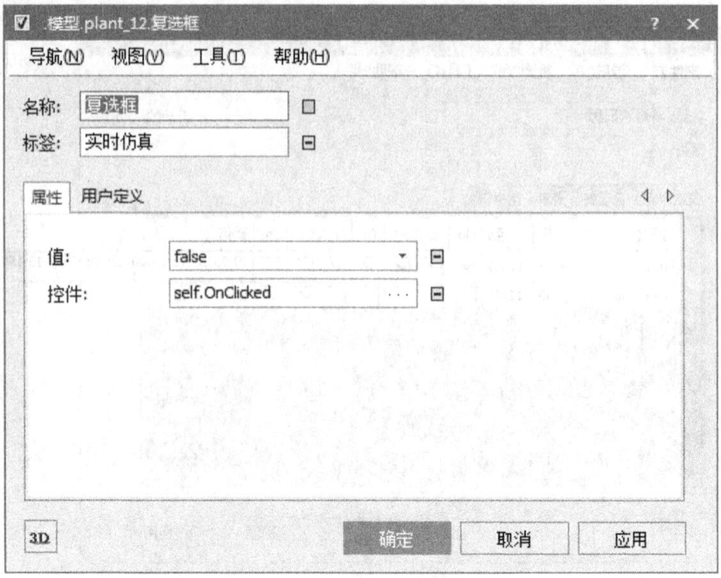

图 6-63 定义"实时仿真"复选框

```
if root.EventController.IsRunning
    root.EventController.stop
else
    root.EventController.start
end
```

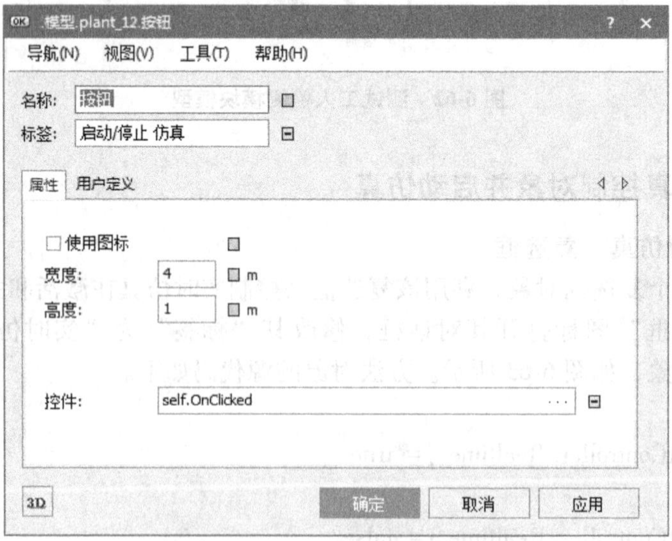

图 6-64 定义"启动/停止仿真"按钮

接着将第二个按钮设置为重置仿真模型的控制按钮。双击"按钮 1"图标打开其对话框，修改其"标签"为"重置模型"，在"控件"处创建一个方法对象，如图 6-65 所示。方法对象的源代码如下。

root. EventController. reset

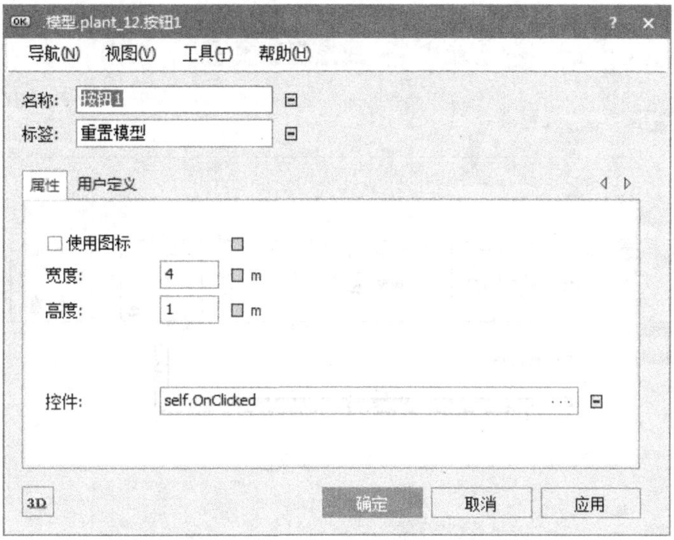

图 6-65 定义"重置模型"按钮

3. 添加注释对象

为模型添加一个注释对象。双击"注释"图标打开其对话框,在"显示"选项卡中修改其"文本"为"模型各模块的注释",设置"字体大小"为"加大","字体颜色"为蓝色。然后切换到"注释"选项卡输入文字,勾选"将内容保存为 rich-text 格式"选项,修改注释字体的大小以便于查看,如图 6-66 所示。

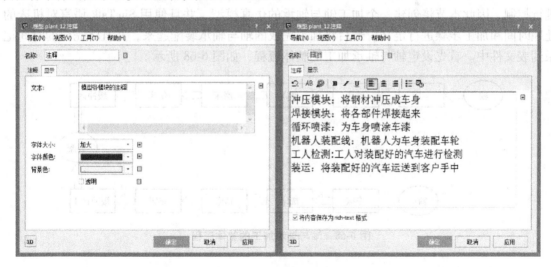

图 6-66 修改注释对象

4. 运行仿真

汽车生产总体模型如图 6-67 所示。首先单击"重置模型"按钮将模型进行重置,接着单击"实时仿真"复选框切换实时仿真的激活和关闭状态,然后单击"启动/停止仿真"按钮开始运行模型，双击打开各个模块，观察每个模块的仿真运行过程。

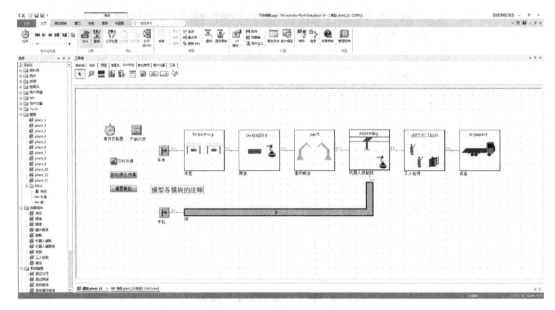

图 6-67　汽车生产总体模型

6.2　加工轴和轴承建模仿真

6.1 节的实例使用了很多工具对象进行建模，但较少通过 SimTalk 语言编辑方法对象来进行控制，因此本节将创建一个加工轴与轴承的仿真模型，并且使用 SimTalk 语言对机床的处理时间和加工步骤进行定义，最后将加工完成的轴与轴承装配起来，并且将完成的时间记录到表文件中。首先设定轴与轴承加工的整体流程，如图 6-68 所示。

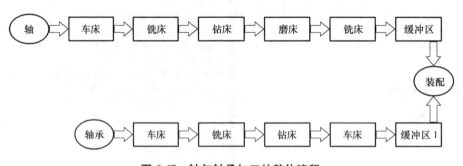

图 6-68　轴与轴承加工的整体流程

6.2.1　初步建模

打开 Plant Simulation 14.0 软件，选择 2D 建模。

1）打开"模型"文件夹中的框架并命名为"加工轴与轴承"。

2）在"加工轴与轴承"框架中添加三个缓冲区、三个表文件、一个源、一个物料终结站、一个装配工位、一个复选框、两个按钮、一个方法对象和一个事件控制器。由于轴与轴承的加工工序需要多次用到车床和铣床，但为了减少浪费，提高机床的利用率，因此在框架中再添加六个单处理工位即可，通过 SimTalk 语句来控制其加工策略。

3）修改各个对象的名称并连接起来，如图 6-69 所示。由于本实例编写较多 SimTalk 程序，因此多以英文字符命名，有车床（che）和车床 1（che1）、铣床（xi）和铣床 1（xi1）、钻床（zuan）、磨床（mo）、材料表（material）、轴时间表（shaft_time）、轴承表文件（bearing_time）。

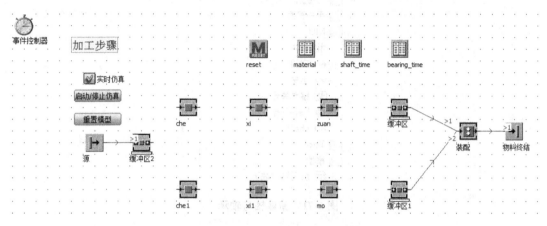

图 6-69　加工轴与轴承仿真模型

6.2.2　定义源对象的 MU 产生方式

首先对源对象进行定义，在其对话框中设置"创建时间"方式为"数量可调"，"数量"为"30"个。"MU 选择"为"循环序列"，选择添加到框架中的表文件，单击"应用"按钮，再单击"确定"按钮，如图 6-70 所示。

图 6-70　定义源对象的 MU 产生方式

在"MU"文件夹中,复制一个实体并命名为"bearing"(轴承),复制一个容器并命名为"shaft"(轴),如图 6-71 所示。

图 6-71　新建轴与轴承

在框架中双击"material"图标打开表文件,对其进行编辑,一个轴需装配两个轴承。为了减少浪费、尽量减少多余的工位,相同的加工方法尽量共用同一个工位进行作业,所以对它们添加一个"process"属性,用于加工不同工序时让这个值自动加 1,每当物料进入工位时,都先对这个属性值进行判断,以断定其加工到哪一步了,然后将其移到下一道工序。

将"MU"文件夹中的"shaft"和"bearing"物料分别拖入到表文件中的"MU"列,定义轴的数量为 1,轴承的数量为 2,名称分别为"shaft"和"bearing",如图 6-72 所示。然后对轴与轴承均新建一个属性并定义为"process",双击"process"单元格进入到子表文件中,进行定义,如图 6-73 所示。源对象的物料生成方式为数量可调,数量为 30 个,即每次生成 1 个轴和 2 个轴承,共触发 10 次,即总共生成 10 个轴和 20 个轴承。

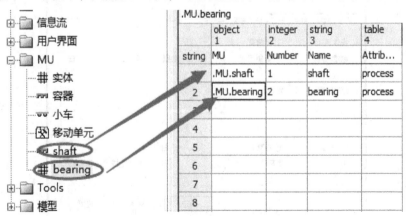

图 6-72　定义物料的表文件

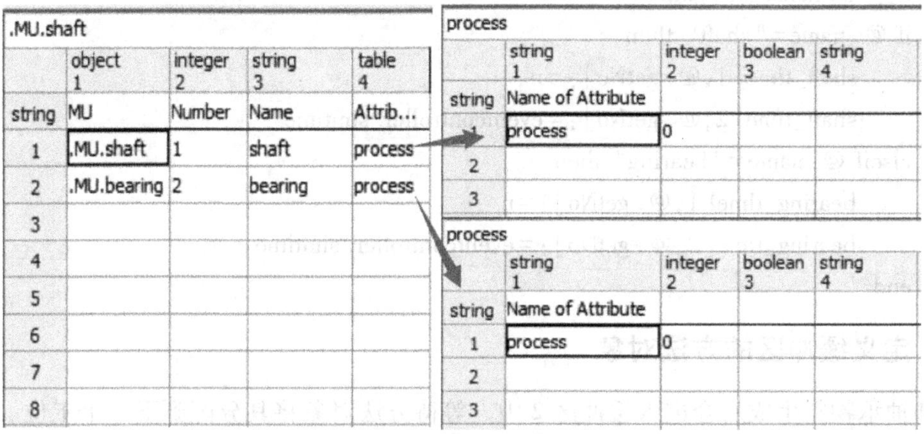

第6章 生产过程建模仿真

图 6-73 定义子表文件

6.2.3 定义源的方法对象

在源的"入口"位置创建一个方法对象,如图 6-74 所示。

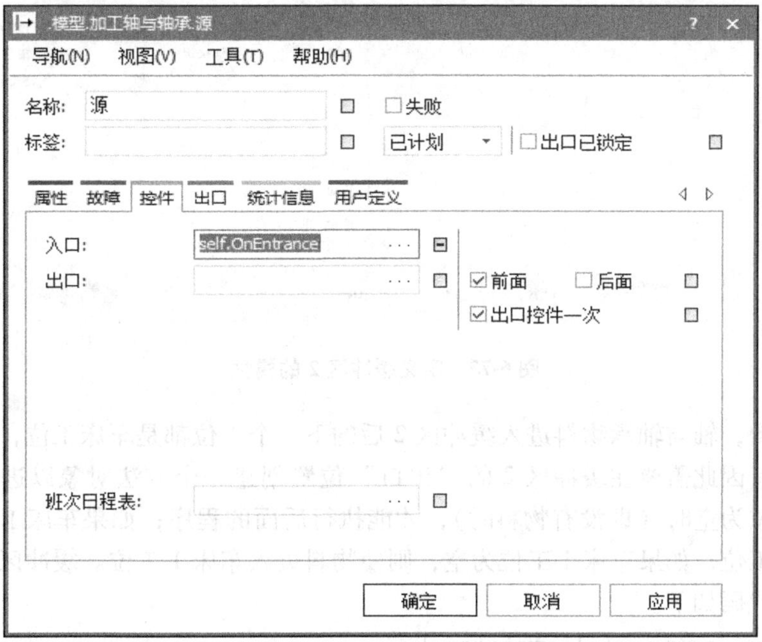

图 6-74 创建源"入口"方法对象

源"入口"处的方法对象用于记录每个物料加工开始到结束所用的时间。先定义 n 为一个字符串,n 的值等于 MU 的名字加上 MU 的序列号,利用"shaft_time"和"bearing_time"表文件的第一列记录 n 值,第二列记录当前仿真的时间。源代码如下。

```
var n:string
@.move
```

```
n:=@.name+@.getno
if @.name="shaft" then
    shaft_time[1,@.getNo]:=n
    shaft_time[2,@.getNo]:=eventcontroller.simtime
elseif @.name="bearing" then
    bearing_time[1,@.getNo]:=n
    bearing_time[2,@.getNo]:=eventcontroller.simtime
end
```

6.2.4 定义缓冲区的方法对象

轴和轴承物料生成后会进入缓冲区 2 中,等待方法对象将其分配到下一个工位。将缓冲区 2 的"容量"设为 1,并在其"出口"处新建一个方法对象,如图 6-75 所示。

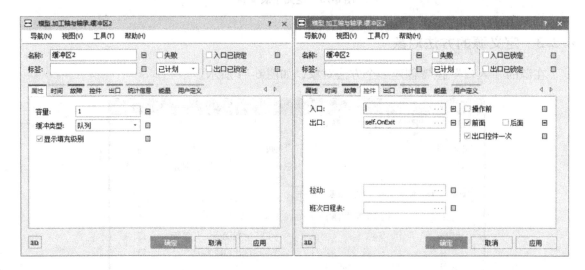

图 6-75 定义缓冲区 2 的属性

根据流程图,轴与轴承物料进入缓冲区 2 后的下一个工位都是车床工位,由于模型中有两个车床工位,因此需要在缓冲区 2 的"出口"位置创建一个方法对象以进行判断。当车床或车床 1 工位为空时(即没有物料时),才能执行后面的程序;如果车床工位为空,则使物料进入车床工位;如果车床 1 工位为空,则使物料进入车床 1 工位。缓冲区 2"出口"处方法对象的源代码如下。

```
waituntil che.empty or che1.empty prio 1
if che.empty then
    @.move(che)
elseif che1.empty then
    @.move(che1)
End
```

6.2.5　定义车床的方法对象

物料进入车床工位后，因为不同物料的加工时间不一样，所以需要在"che"和"che1"工位的"入口"处新建方法对象，并勾选"操作前"选项，如图6-76所示。若是单一物料，则只需修改"属性"选项卡的"处理时间"。

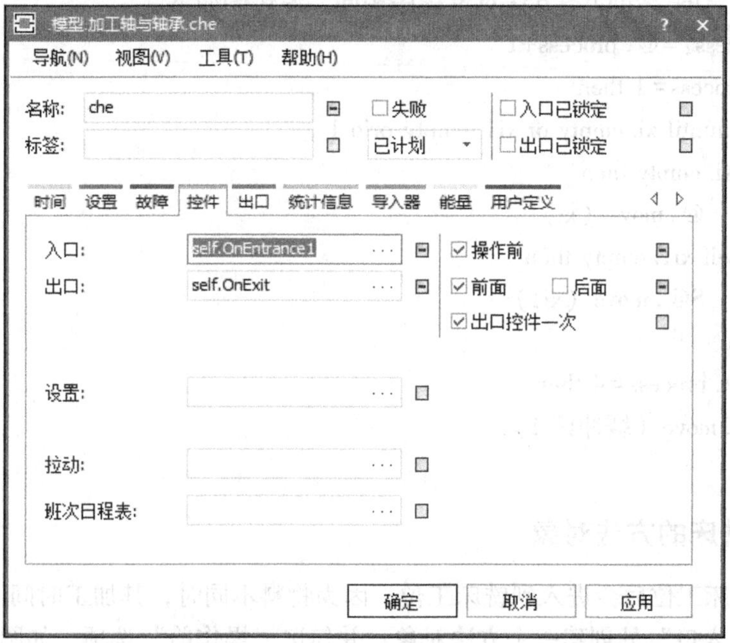

图 6-76　创建车床（"che"）工位的"入口"方法对象

"入口"方法对象需要先判断进入该工位的物料名称，然后判断其process属性值。因为轴承要进入车床工位两次，所以根据process属性值确定它到哪一个步骤了。然后定义其加工时间，轴的加工时间为2h，轴承的第一次加工时间为2h，第二次加工时间为1h，结束程序。因为"che"与"che1"工位都是车床工位，所以其"入口"方法对象都一样，源代码如下。

```
if @.name="shaft" then
    if @.process=0 then
        ?.proctime:=7200
    end
elseif @.name="bearing" then
    if @.process=0 then
        ?.proctime:=7200
    else ?.proctime:=3600
    end
end
```

当物料在车床工位处理完成后，需要进入下一个工位，在车床"出口"处创建一个方法对象，用于判断物料的状态并控制其流向。首先对物料的自身 process 属性值加 1，即表明加工完成了一道工序。然后判断其 process 属性值，如果该值为 1，且铣床或铣床 1 工位为空，才能执行后面的程序；如果铣床工位为空，则物料移动到铣床工位；如果铣床 1 工位为空，则物料移动到铣床 1 工位。否则，如果 process 属性值为 4，即轴承刚从钻床和车床加工完成，则其移动到缓冲区 1 等待与轴进行装配。因为车床与车床 1 工位功能完全相同，所以"che"与"che1"的"出口"方法对象程序相同。源代码如下。

```
@.process:=@.process+1
if @.process=1 then
    waituntil xi.empty or xi1.empty prio 1
    if xi.empty then
        @.move（xi）
    elseif xi1.empty then
        S@.move（xi1）
    end
elseif @.process=4 then
    @.move（缓冲区 1）
end
```

6.2.6　定义铣床的方法对象

物料离开车床工位后会进入到铣床工位，因为物料不同时，其加工时间不同，所以需要在铣床工位的"入口"处创建一个方法对象，并勾选"操作前"选项，如图 6-77 所示。

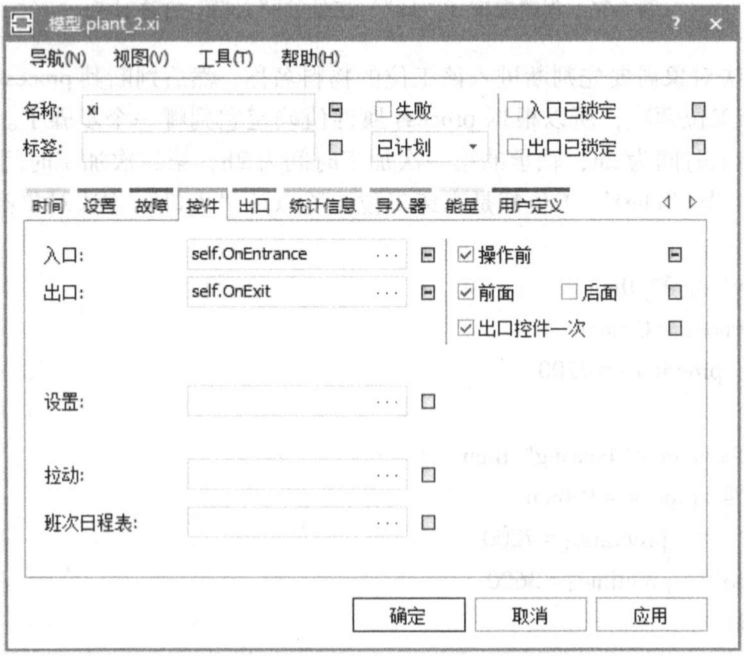

图 6-77　设置铣床工位"入口"方法对象

铣床工位"入口"方法对象需要先判断进入本工位的物料名称,然后判断其 process 属性值,若物料是轴承且 process 属性值为 1,则处理时间为 1h。若物料是轴,则 process 属性值为 1 时的处理时间为 1 小时,否则为 0.5h。因为铣床和铣床 1 工位的功能完全相同,所以"xi"与"xi1"的"入口"方法对象程序相同,源代码如下。

```
    if @.name="bearing" then
        if @.process=1 then
            ?.proctime:=3600
        end
    elseif @.name="shaft" then
        if @.process=1 then
            ?.proctime:=3600
        else ?.proctime:=1800
        end
    end
```

在铣床加工完成的物料需要进入下一个工位进行加工,因此在铣床的"出口"处创建一个方法对象,用于判断物料的状态并控制其流向。首先对物料的自身 process 属性值加 1,即表明加工完成了一道工序。然后判断其 process 属性值,如果该值为 2,且钻床为空,才能执行后面的程序;如果 process 属性值为 5,则该物料为经磨床加工和铣床加工的轴,应移动到缓冲区等待与轴承进行装配。因为铣床和铣床 1 工位的功能完全相同,所以"xi"与"xi1"的"出口"方法对象程序相同,源代码如下。

```
    @.process:=@.process+1
    if @.process=2 then
        waituntil zuan.empty prio 1
        if zuan.empty then
            @.move(zuan)
        end
    elseif @.process=5 then
        @.move(缓冲区)
    End
```

6.2.7　定义钻床的方法对象

因为进入钻床工位的物料不同时,其加工时间不同,所以需要在钻床工位的"入口"处创建一个方法对象,并勾选"操作前"选项,如图 6-78 所示。

钻床工位"入口"方法对象需要先判断进入本工位的物料名称,然后判断其 process 属性值,如果物料是轴承且 process 属性值为 2,则处理时间为 0.5h,结束程序;否则,如果物料是轴且 process 属性值为 2,则处理时间为 0.5h。方法对象源代码如下。

```
    if @.name="bearing" then
        if @.process=2 then
            ?.proctime:=1800
```

```
            end
      elseif @.name = "shaft" then
            if @.process = 2 then
                  ?.proctime:= 1800
            end
      end
```

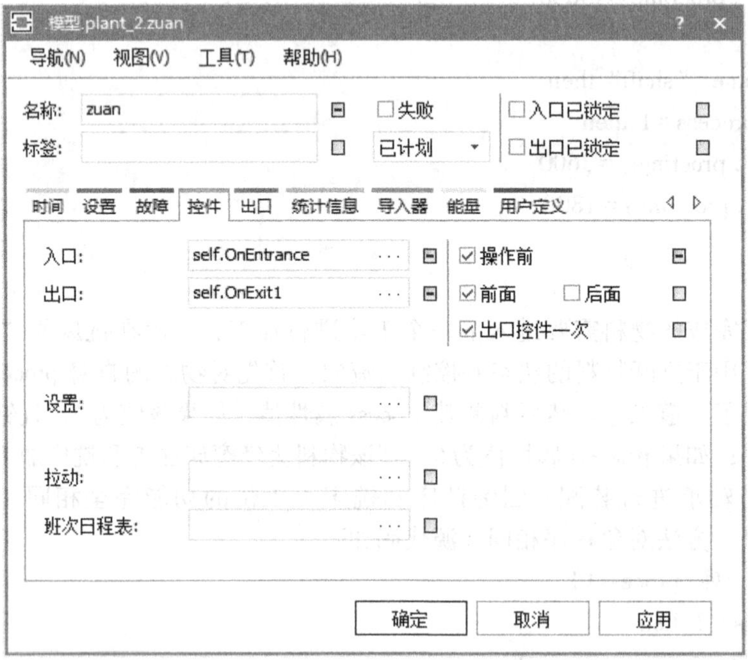

图 6-78 设置钻床工位"入口"方法对象

在钻床加工完成的物料需要进入下一个工位进行加工,因此在钻床的"出口"处创建一个方法对象,用于判断物料的种类并控制其流向。首先对物料的自身 process 属性值加 1,即表明加工完成了一道工序。然后判断物料种类,如果物料为轴,则物料移动到磨床工位;否则,如果物料为轴承,且车床或车床 1 工位为空,才执行后面的程序;如果车床工位为空,则物料移动到车床工位;否则,如果车床 1 工位为空,则物料移动到车床 1 工位;结束程序。方法对象源代码如下。

```
@.process:= @.process + 1
if @.name = "shaft" then
      @.move(mo)
elseif @.name = "bearing" then
waituntil che.empty or che1.empty prio 3
if che.empty then
      @.move(che)
elseif che1.empty then
```

```
@.move(che1)
end
end
```

6.2.8 定义磨床的方法对象

轴从钻床工位加工完成后会进入磨床工位，而轴承则会进入车床工位，6.2.4 小节已对车床工位的"入口"方法对象进行过定义，现对磨床工位添加"入口"方法对象并进行定义。在磨床的"入口"处创建一个方法对象，先对 process 属性值加 1，然后设处理时间为 0.5h。方法对象源代码如下。

```
@.process:=@.process+1
?.proctime:=1800
```

轴从磨床工位加工完成后需进入铣床工位进行下一道工序，因为前面的工序已经用到过铣床，所以需对铣床工位进行判断，当其为空时才进入到铣床工位进行加工。在磨床工位的"出口"处创建一个方法对象，首先将 process 属性值加 1，当铣床或铣床 1 工位为空时，才执行后面的程序；如果铣床工位为空，则物料移动到铣床工位；否则，如果铣床 1 工位为空，则物料移动到铣床 1 工位，结束程序。方法对象源代码如下。

```
@.process:=@.process+1
waituntil xi.empty or xi1.empty prio 2
if xi.empty then
    @.move(xi)
elseif xi1.empty then
    @.move(xi1)
End
```

6.2.9 定义缓冲区与装配工位的方法对象

两个车床、两个铣床、一个钻床和一个磨床工位的"入口""出口"方法对象程序都已经编好，铣床和车床工位的"出口"方法对象将加工完成的轴和轴承分开存放到缓冲区和缓冲区 1 中，现在对两个缓冲区的属性进行定义。设它们的容量都为 20，然后在缓冲区的"出口"处创建一个方法对象，使"shaft_time"表文件记录当前的仿真时间到第三列中，然后物料移动到下一个工位中，继续将其加工时间记录到"shaft_time"表文件中。方法对象的源代码如下。

```
var n:string
n:=@.name+@.getno
shaft_time[3,@.getNo]:=eventcontroller.simtime
@.move
```

在缓冲区 1 的"出口"处创建一个方法对象，使"bearing_time"表文件记录当前的仿真时间到第三列中，方法对象的源代码如下。

```
var n:string
n:=@.name+@.getno
```

bearing_time[3,@.getNo]:=eventcontroller.simtime
@.move

打开"装配"对话框,"装配表"选择"前趋对象"选项,然后单击"打开"按钮,在表格中输入"2"和"2",表示零件的前趋对象为2个,装配个数为2个。设置"前趋对象中的主MU"为1,表示主MU为前趋对象为1的物料。"装配模式"选择为"附加MU","正在退出的MU"选择为"主MU","序列"选择为"先MU后服务",如图6-79所示。

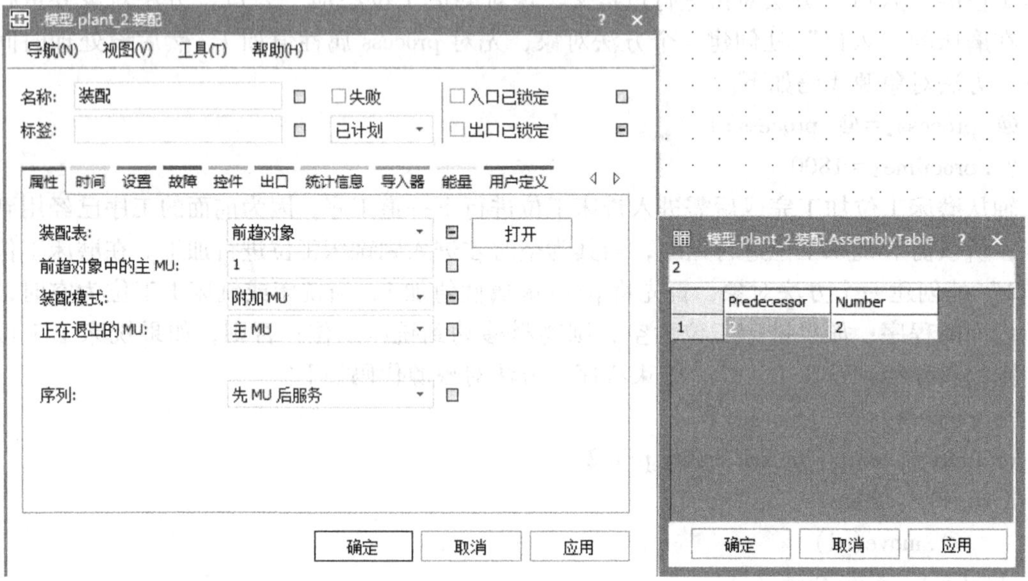

图 6-79 定义装配工位属性

在装配工位"出口"处创建一个方法对象,用于记录轴与轴承装配在一起的时间,使"shaft_time"表文件记录当前的仿真时间到第四列中,装配的第一个轴承与第二个轴承的时间记录到"bearing_time"表文件的第四列中,方法对象源代码如下。

```
var n:string
n:=@.name+@.getno
shaft_time[4,@.getno]:=eventController.simtime
if @.empty=false then
    bearing_time[4,@.cont.getno]:=eventcontroller.simtime
    bearing_time[4,@.pe(2,1).cont.getno]:=eventcontroller.simtime
end
@.move
```

6.2.10 添加仿真控制对象并启动仿真

双击"复选框"图标打开其对话框,修改其"标签"为"实时仿真",在"控件"处创建一个方法对象,如图6-80所示。

源代码如下:

图 6-80 "实时仿真"按钮添加方法对象

if ?.Value
 root.EventController.Realtime：=true
else
 root.EventController.Realtime：=false
end

双击"启动/停止仿真"按钮打开其对话框，在"控件"处创建一个方法对象，如图 6-81 所示。

图 6-81 "启动/停止仿真"按钮添加方法对象

源代码如下：
if root.EventController.IsRunning
 root.EventController.stop
else

root. EventController. start
end

双击"重置模型"按钮打开其对话框,在"控件"处创建一个方法对象,如图6-82所示。

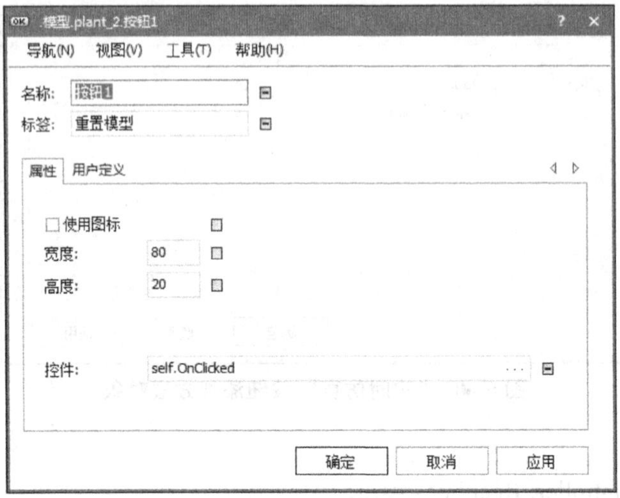

图6-82 "重置模型"按钮添加方法对象

源代码如下:
root. EventController. reset

双击"注释"图标打开其对话框,在"注释"选项卡中写入注释文字,勾选"将内容保存为rich-text格式"选项,选中全部文字修改字体的大小,以便于查看,如图6-83所示。

图6-83 编辑注释对象

至此,全部建模完毕,加工轴与轴承完整模型如图6-84所示。

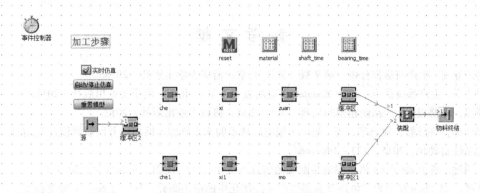

图 6-84　加工轴与轴承完整模型

启动模型进行仿真，待仿真结束，双击打开"shaft_time"和"bearing_time"表文件，得到轴加工的时间表如图 6-85 所示，轴承加工的时间表如图 6-86 所示。

shaft1	string 1	time 2	time 3	time 4
1	shaft1	0.0000	5:30:00.0000	7:30:00.0000
2	shaft2	0.0000	7:30:00.0000	11:30:00.0000
3	shaft3	4:00:00.0000	11:30:00.0000	14:30:00.0000
4	shaft4	7:00:00.0000	15:30:00.0000	19:30:00.0000
5	shaft5	12:00:00.0000	19:30:00.0000	23:30:00.0000
6	shaft6	16:00:00.0000	23:30:00.0000	1:02:30:00.0000
7	shaft7	19:00:00.0000	1:03:30:00.0000	1:07:30:00.0000
8	shaft8	1:00:00:00.0000	1:07:30:00.0000	1:11:30:00.0000
9	shaft9	1:04:00:00.0000	1:11:30:00.0000	1:14:30:00.0000
10	shaft10	1:07:00:00.0000	1:15:30:00.0000	1:19:00:00.0000

图 6-85　轴加工时间表

bearing1	string 1	time 2	time 3	time 4
1	bearing1	0.0000	5:00:00.0000	7:30:00.0000
2	bearing2	0.0000	7:00:00.0000	7:30:00.0000
3	bearing3	2:00:00.0000	10:00:00.0000	11:30:00.0000
4	bearing4	2:00:00.0000	11:00:00.0000	11:30:00.0000
5	bearing5	5:00:00.0000	12:00:00.0000	14:30:00.0000
6	bearing6	7:00:00.0000	14:00:00.0000	14:30:00.0000
7	bearing7	9:00:00.0000	17:00:00.0000	19:30:00.0000
8	bearing8	11:00:00.0000	19:00:00.0000	19:30:00.0000
9	bearing9	14:00:00.0000	22:00:00.0000	23:30:00.0000
10	bearing10	14:00:00.0000	23:00:00.0000	23:30:00.0000
11	bearing11	17:00:00.0000	1:00:00:00.0000	1:02:30:00.0000
12	bearing12	19:00:00.0000	1:02:00:00.0000	1:02:30:00.0000
13	bearing13	21:00:00.0000	1:05:00:00.0000	1:07:30:00.0000
14	bearing14	23:00:00.0000	1:07:00:00.0000	1:07:30:00.0000
15	bearing15	1:02:00:00.0000	1:10:00:00.0000	1:11:30:00.0000
16	bearing16	1:02:00:00.0000	1:11:00:00.0000	1:11:30:00.0000
17	bearing17	1:05:00:00.0000	1:12:00:00.0000	1:14:30:00.0000
18	bearing18	1:07:00:00.0000	1:14:00:00.0000	1:14:30:00.0000
19	bearing19	1:09:00:00.0000	1:16:30:00.0000	1:19:00:00.0000
20	bearing20	1:11:00:00.0000	1:18:30:00.0000	1:19:00:00.0000

图 6-86　轴承加工时间表

参 考 文 献

[1] 纳米亚斯. 生产与运作分析：第7版 [M]. 北京：清华大学出版社，2018.

[2] 周金平. 生产系统仿真：Plant Simulation 应用教程 [M]. 北京：电子工业出版社，2011.

[3] 周泓，邓修权. 生产系统建模与仿真 [M]. 北京：机械工业出版社，2012.

[4] 邵炜晖，许维胜，徐志宇，等. 基于虚拟电厂技术的未来智能电网用户并网规则设计及仿真 [J]. 电力系统自动化，2015（17）：140-146.

[5] 王博远. 基于 eM-Plant 汽车混流装配线的仿真与优化 [D]. 沈阳：东北大学，2015.

[6] 西曼. eM-Plant 在电容式电压互感器生产布局优化中的应用研究 [D]. 上海：上海交通大学，2015.

[7] 李华. 基于 eM-Plant 的汽车焊装生产线仿真与优化技术研究 [D]. 成都：西南交通大学，2013.

[8] 王森森. 基于 Plant-Simulation 的卡车生产系统仿真建模及优化研究 [D]. 济南：山东大学，2020.

[9] 李慧，孙元亮，张超. 基于 Plant Simulation 的航空发动机叶片机加生产线仿真分析与优化 [J]. 组合机床与自动化加工技术，2019（7）：116-118.

[10] 陈杨，游江洪，邵之江，等. 高温气冷堆核电站的一种仿真方法 [J]. 高校化学工程学报，2014（1）：110-114.

[11] 刘克天，王晓茹. 电厂锅炉及辅机对电力系统动态频率影响的仿真研究 [J]. 电力系统保护与控制，2014（13）：53-58.